青少年常识读本. 第1辑

走近机器人

刘洪军 等 编著

吉林人民出版社

图书在版编目(CIP)数据

走近机器人/刘洪军等编著.－－长春：吉林人民出版社，2012.4
（青少年常识读本.第1辑）
ISBN 978-7-206-08797-4

Ⅰ.①走… Ⅱ.①刘… Ⅲ.①机器人—青年读物②机器人—少年读物 Ⅳ.①TP242-49

中国版本图书馆CIP数据核字(2012)第068426号

走近机器人
ZOU JIN JIQIREN

编　　著：刘洪军　等
责任编辑：王　静　　　　　封面设计：七　洱
吉林人民出版社出版 发行（长春市人民大街7548号 邮政编码：130022）
印　　刷：北京一鑫印务有限责任公司
开　　本：670mm×950mm　1/16
印　　张：13　　　　　　　字　　数：200千字
标准书号：ISBN 978-7-206-08797-4
版　　次：2012年4月第1版　　印　　次：2021年8月第2次印刷
定　　价：45.00元

如发现印装质量问题，影响阅读，请与出版社联系调换。

新新人类

开启人类的梦想 …………………………………… 001
机器人的起源与发展 ……………………………… 002
机器人帝国 ………………………………………… 004
机器人的大脑 ……………………………………… 006
机器人的耳朵 ……………………………………… 007
机器人的手 ………………………………………… 009
机器人的下肢 ……………………………………… 011
机器人的眼睛 ……………………………………… 013
未来机器人 ………………………………………… 014

空中战士

无人侦察机 ………………………………………… 016
无人监视机 ………………………………………… 017
无人电子对抗机 …………………………………… 019
无人驾驶战斗机 …………………………………… 020
海洋扫描无人机 …………………………………… 022
微型无人机 ………………………………………… 023
无人直升机 ………………………………………… 025

太空探测

空间机器人 ………………………………………… 027
月球探测机器人 …………………………………… 028
嫦娥一号 …………………………………………… 030
月球车 ……………………………………………… 031
火星和月球探测机器人 …………………………… 033
挺进火星的探测器 ………………………………… 034
"勇气号"的故事 …………………………………… 036
"机遇号"的故事 …………………………………… 038

水中展奇能

载人潜水机器人 …………………………………… 040
水下扫雷机器人 …………………………………… 041
水下潜艇机器人 …………………………………… 043
水下自治机器人 …………………………………… 044
水下载人机器人 …………………………………… 046
水下考古机器人 …………………………………… 047
水下修复机器人 …………………………………… 049
水下探险机器人 …………………………………… 050

目录 CONTENT 2

水下救援机器人 …………………………… 052
水面行走机器人 …………………………… 053
海洋的诱惑 ………………………………… 055
历史性突破 ………………………………… 056
海上打捞 …………………………………… 058
参观"泰坦尼克号" ………………………… 059

现代战争骄子

机器人士兵 ………………………………… 061
机器人侦察兵 ……………………………… 062
军用昆虫 …………………………………… 063
军用排爆机器人 …………………………… 065
军用扫雷机器人 …………………………… 066
步兵支援机器人 …………………………… 067
微型军用机器人 …………………………… 069
机器人战争杀手 …………………………… 070

生产中显神通

焊接机器人 ………………………………… 072
全自动焊接机器人 ………………………… 073
喷漆机器人 ………………………………… 075
装配机器人 ………………………………… 076
搬运机器人 ………………………………… 077
包装打捆机器人 …………………………… 079
喷丸机器人 ………………………………… 080
装载机器人 ………………………………… 081
超级采矿机器人 …………………………… 083
核工业机器人 ……………………………… 085
食品工业机器人 …………………………… 086
超微机器人 ………………………………… 087

工程中显神威

工程智能机器人 …………………………… 089
高压线作业机器人 ………………………… 090
光缆铺设机器人 …………………………… 092
挖掘机器人 ………………………………… 093
喷浆机器人 ………………………………… 095
管道作业机器人 …………………………… 096
爬壁机器人 ………………………………… 098
太阳能机器人 ……………………………… 100

危险作业机器人 …………………… 102
爬缆索机器人 ……………………… 103
雕刻机器人 ………………………… 105
工程轨道机器人 …………………… 107

现代铁农民

耕耘机器人 ………………………… 108
除草机器人 ………………………… 110
喷农药机器人 ……………………… 111
嫁接机器人 ………………………… 112
果实采摘机器人 …………………… 114
果实分拣机器人 …………………… 115
伐根机器人 ………………………… 117
挤牛奶机器人 ……………………… 118
林业机器人 ………………………… 119
牧羊犬机器人 ……………………… 121

烈火金刚

火场消防机器人 …………………… 123
新型消防机器人 …………………… 124
火场救援机器人 …………………… 126
火场侦察机器人 …………………… 127

新白衣天使

护理机器人 ………………………… 130
军医机器人 ………………………… 131
机器人医生 ………………………… 133
外科手术机器人 …………………… 134
脑外科机器人 ……………………… 135
护士助手机器人 …………………… 137
康复机器人 ………………………… 138
抢险救生机器人 …………………… 140
搜救机器人 ………………………… 141
手臂思维控制机器人 ……………… 143
医院配药机器人 …………………… 144
模拟患者机器人 …………………… 145
微型医用机器人 …………………… 146
超微医用机器人 …………………… 148
口腔修复机器人 …………………… 149
进入血管的机器人 ………………… 151

目录 CONTENT 4

娱乐无极限

模仿表情机器人 ……………………… 153
跑步和溜冰机器人 …………………… 154
机器人足球比赛 ……………………… 156
踢足球机器人 ………………………… 158
机器人下棋比赛 ……………………… 159
机器人格斗比赛 ……………………… 160
击球手机器人 ………………………… 162
高尔夫球场上的助手 ………………… 163

生活小助手

网络聊天机器人 ……………………… 165
时装模特机器人 ……………………… 166
语言翻译机器人 ……………………… 168
婚礼主持机器人 ……………………… 169
汽车加油机器人 ……………………… 170
女秘书机器人 ………………………… 172
幼儿"保姆"机器人 ………………… 173
残障人士的生活帮手 ………………… 174
老年人的护理器 ……………………… 175
机器人智能轮椅 ……………………… 177

服务为人民

服务员机器人 ………………………… 180
机器人保安 …………………………… 181
警察机器人 …………………………… 183
迎宾机器人 …………………………… 184
导盲机器人 …………………………… 186
高空清洁机器人 ……………………… 188
家政机器人 …………………………… 190
教学机器人 …………………………… 191
机器人推销员 ………………………… 193
扫雪机器人 …………………………… 195
火山探险机器人 ……………………… 196
排爆机器人 …………………………… 197
救援机器人 …………………………… 198
智能汽车 ……………………………… 200

新新人类

开启人类的梦想

机器人是人类发展到一定历史阶段的产物。随着科学的发展，人类的每一个梦想都会慢慢实现，每一个设想都要去研究和开发。

● 古时候的机器人

在新石器时代，人们开始用工具在石器上打眼，后来出现了环形陶器，它是现代所有旋床和立式车床的元身。亚历山大时期的科特西比后来发明了漏壶，可以指示时间。古希腊罗马时期的原始机器人存在于各种活雕像中。只要往石雕鹰头里投入一颗石头子，石鹰眼睛就会吐出水来。祭祀时在庙宇前点燃圣火，庙宇的大门就会"自动"打开。公元400年时阿尔希塔斯制作的木头鸽子竟然能飞起来。这些都是模拟和模仿活物的自动化机器人。13世纪，雷根斯堡市的一个大教堂门口站岗的竟然是一位机械"卫士"。它是用蜂蜡、木头、金属制作的。传说，当教主不在家时，它会向客人致敬，打听客人来意，请客人进屋，给教主带来了很多好处和方便。到了16世纪，由德国的海因莱因发明的装有发条的钟出现了，钟内装有各种自动原理的机器和机械设备，这些都被后人所采用。到1675年，摆钟也出现了。马克思曾经说过："正是钟表的发条使人类产生了把自动机器应用到生产上的想法。"

1637年，法国著名的哲学家笛卡儿说道："将来有一天人类会制造出一些举止和人类一样，但没有灵魂的机器来。"他也是最先设想和提出要制造模仿动物的机械的人。科学家们在机械中得到启示，试图将创造出的各种各样的自动机用在动物身上做实验。

● 现代机器人发展的过程

在17到18世纪这段时间里，人们对机器人从各个角度进行了探索，可以用各种工具制造出和人一样的机器人。例如，法国发明家服松岗亲自研制的和真人一样的机器人牧童。牧童身高170厘米，可以吹12首曲子。它在吹笛子的时候，服松岗给它用铃鼓伴奏。另外研制的"机器鸭"更是活灵活现，它是由上千个自动零件组成的，几乎会鸭子的所有动作，比如扎猛、嬉水、啄食，还可以借助体内的化学物质完成消化过程。1738年，服松岗将自己的得意之作在巴黎展览。1742年，服松岗还制作了"机器驴"，它可以代替工人在织布机上织布，这也是最早诞生的工业机器人。

1784年，瓦特设计出蒸汽机的离心调速器，蒸汽从此成了驱动机床、机器和机械转动的主要能源。现在的机械师用的发动机会借助各个环节构成的传输网络，将轴旋转变成操作机械的任何一种复杂的运动。这些机器可以用他们的机械手在劳动过程中模仿人的各种动作，机械师可以从自动机向各种部件传达指令。他们使用的是八音盒磁鼓上的双头螺杆、穿孔的硬纸袋和带小凸轮的小轴，这些是很原始的固定的自动机器的工作程序。对外部不能做出任何反应，这些创造性的活动给后来的机器人发展带来了很大影响。

1830年，俄国科学家又发明了磁电式继电器，也是电动机的主要部件之一，同时，电动机和直流发电机也出现了，电的出现给自动化提供了新的可能性。随后，在1872年，第一届莫斯科综合技术展览会上就出现了电动缝纫机。技术在昂首阔步地向前走着，在纺织业、金属加工业、采矿业和其他的工业部门，到处都实现了机械化。

机器人的起源与发展

机器人的定义是多种多样的，其原因在于它具有一定的模糊性。我国科学家对机器人的定义是："机器人是一种自动化的机器，所不同的是这种机器具备一些与人或生物相似的智能，如感知能力、规划能力、动作能力和协同能力，是一种具有高度灵活性的自动化机器。"

● 机器人的起源

1920年，捷克斯洛伐克作家卡雷尔·恰佩克在他的科幻小说《罗萨姆的机器人万能公司》中，根据Robota(捷克文，原意为"劳役、苦工")和Robotnik(波兰文，原意为"工人")创造出"机器人"这个词。就像诞生于科幻小说的机器人，人们对它充满了幻想。也许正是由于机器人定义的模糊，人们才有了充分的想象和创造空间。

　　机器人一词的出现和世界上第一台工业机器人的问世都是近几十年的事。然而人们对机器人的幻想与追求却已有三千多年的历史。人类希望制造一种像人一样的机器，以便代替人类完成各种工作。西周时期，我国的能工巧匠偃师就研制出了能歌善舞的伶人，这是我国最早记载的机器人。春秋后期的我国著名的木匠鲁班，在机械方面也是一位发明家，据《墨经》记载，他曾制造过一只木鸟，能在空中飞行"三日不下"。1800年前的汉代，大科学家张衡不仅发明了地动仪，而且发明了计里鼓车。计里鼓车每行一里，车上木人击鼓一下，每行十里击钟一下。还有三国时期的诸葛亮发明的木牛流马，可以运送粮草。公元前2世纪，亚历山大时代的古希腊人发明了最原始的机器人——自动机。它是以水、空气和蒸汽压力为动力的会动的雕像，它可以自己开门，还可以借助蒸汽唱歌。1662年，日本的竹田近江利用钟表技术发明了自动机器玩偶，并在大阪的道顿堀演出。1738年，法国天才技师杰克·戴·瓦克逊发明了一只机器鸭，它会嘎嘎叫，会游泳和喝水，还会进食和排泄。瓦克逊的本意是想把生物的功能加以机械化进行医学的分析。现代机器人的研究始于20世纪中期，其技术背景是计算机和自动化的发展，以及原子能的开发利用。

● 机器人的发展

　　在研究和开发未知及不确定环境下作业的机器人的过程中，人们逐步认识到机器人技术的本质是感知、决策、行动和交互技术的结合。随着人们对机器人技术智能化本质认识的加深，机器人技术开始源源不断地向人类活动的各个领域渗透。结合这些领域的应用特点，人们发明了各式各样的具有感知、决策、行动和交互能力的特种机器人和各种智能机器，如移动机器人、微型机器人、水下机器人、医疗机器人、军用机器人、空间机器人、娱乐机器人等。对不同任务和特殊环境的适应性，也是机器人与一般自动化装备的重要区别。这些机器人从外观上已远远脱离了最初仿人型机器人和工业机器人的形状，更加符合各种不同应用领域的特殊要求，其功能和智能程度也大大增强，从而为机器人技术开辟出更加广阔的发展空间。

机器人帝国

机器人技术是各国必争的前沿技术。美国主攻的是军用机器人；欧洲主攻的是服务和医疗机器人；日本主攻的是仿真和娱乐机器人。日本将机器人技术列为未来产业发展的一个重要方向，希望在机器人产业上占得先机。

● 日本机器人业的成就

日本的工业机器人是在引进美国工业机器人的基础上，经过消化、吸收、创新发展起来的。20世纪80年代，日本工业机器人飞速发展，生产量和应用量都一跃成为世界第一，被世人冠以"机器人帝国"之美誉。在制造业、高科技产业、服务业等诸多领域，机器人正在被越来越广泛地使用，性能也在不断提高。据统计，目前全世界投入使用的机器人大约有95万台，其中日本就占了总数的38%，位居各国之首。

如今日本制造业的各道工序，如锻压、焊接、喷涂、机械加工、组装、树脂成型、检验测量、包装运输、出入仓库以及研究开发等都在使用机器人，日本的许多工厂都在推进机器人化。农耕、建筑、运输、矿业、医疗保健、研究开发等非制造业使用的机器人也在不断推陈出新。那大大小小，能够逼真地做出喜、怒、哀、乐等种种表情和动作的机器狗、机器猫等玩具，更让世人叹为观止。

在日本，机器人不仅已应用在几乎所有的产业部门，而且正在向社会生活的各个领域渗透。日本的机器人技术是在生产合理化的要求下发展起来的。而卓越的制造技术使它后来居上，跃居世界前列。多年来，机器人成为支撑疲软的日本经济的最主要产业之一。

● 日本机器人产业的发展

从全球来看，机器人产业化的历史可追溯到20世纪60年代。1962年美国万能自动公司制造的"尤尼梅特"和美国机械与铸造公司生产的

"沃萨特兰"机器人分别在全球率先投入使用。日本从20世纪60年代后半期开始从美国引进机器人。在当时，由于担心机器人的使用会剥夺人们的就业岗位，因此受到了行业工会的抵制，美国机器人没有立即得到普及和应用。然而，在日本则不同，当时日本正值经济高速增长时期，劳动力不足问题非常严峻，同时，产业界对自动化的需求也很高，因此机器人得到了广泛的应用。此外，还有一个原因就是危险的工作环境，也需要大量的机器人。1969年，日本成功研制出第一台应用于生产的机器人，被用于提取和搬运重物。

日本的机器人制造商非常多，竞争也十分激烈。正因为如此，高性能低价格的机器人不断地被开发出来。此外，在生产技术能力不断提高及设计规格日益精确的条件下，汽车业和电子业等领域的大用户也纷纷同机器人制造商进行联合开发。在日本，由于对零部件、传感器、电机等机器人制造过程中的关键部件制造技术进行不懈的研发，大大推动了机器人产业的不断升级。同时，政府为了促进机器人的普及和利用，对使用机器人的企业实行了一系列优惠政策，如给予企业特别折旧、减税、优惠贷款等措施。为了鼓励机器人制造商进行新技术研发，政府也对其实行许多扶持政策，如优惠税制、帮助融资等等。通过这些政策的实施及企业的不断开拓，使日本机器人产业从整体上有了大幅度提升。尤其是机器人的性能，通过"智能化"技术的应用，目前已发展到了很高的水平。由于"智能化"的推进，机器人的应用范围进一步扩大，促进了产品多元化的发展。如今，日本的机器人正向着"小而有力"的方向迅速发展。

在日本，机器人文化对社会影响非常大。面向大中小学生，面向科研院所的各种类型机器人比赛可以说是数不胜数。机器人比赛在日本已有多年历史，但以前都是企业和社团自发组织的，政府并没有介入。为了推动日本机器人比赛的发展，提高全民的科技素质，日本政府从2000年开始组织国际机器人节。

机器人的大脑

现代机器人的研究始于20世纪中期，其技术背景是计算机和自动化的发展，以及原子能的开发利用。电脑，现在充斥了我们生活的方方面面。未来计算机的超级运算能力将会超乎想象，计算机的高速发展将颠覆人类现有的认识，机器人技术也将得到长足的发展。

既然人类造出了"机器人"这一代替人作用的机械，当然也应该给它装上一个脑子，使人造的非生命机器有一个根本性的变化。机器人的"大脑""进化"就像生物从植物、低等动物进而发展为有脑的高等生物一样，也是经历了一个从简单到复杂的过程。机器人的大脑实际上就是大家非常熟悉的一个名词——控制系统。机器人的每一个行动都是由控制系统来支配的。

● 早期的"大脑"

最初的控制系统由一些程序电路组成，主要元件是插销板、凸轮、磁带及穿孔带和卡片等。这种控制方式就是"头脑"的智商比较低，机器人自己不会"见机行事"，主要是用于点位式控制的机器人，采用这种程序控制的机器人动作必须预先编排程序并将其存贮在电路内。对用于生产线上料、下料或简单搬运的机器人，仅此"大脑"已经足够，因为对这些机器人只要求它们做一些固定操作，能准确地在规定位置上抓取和放置物件就行。

● 聪明的"大脑"——计算机

当机器人的动作比较复杂时，对控制系统的要求开始升高，就必须采用有"聪明大脑"之称的计算机。随着计算机技术，尤其是微电子技术及其器件的发展，使得微型计算机的应用得到普及，并在机器人控制技术中占了重要的地位，当前比较高级的机器人均采用计算机控制。微型计算机的问世，尤其是微电子技术日新月异的发展，使得机器人如虎添翼，大大提高了可靠性并使成本大大降低，使得机器人的功能更加完善。可以这样说：现代高性能的机器人必须依赖于微型计算机。它具有计算和处理各类数据与信息的能力,并能迅速、实时地处理外来信号和控制相应设备。

● 机器人的智能化

尽管计算机的出现使机器人获得了一个比以前更聪明的头脑,各类传感器件的问世令机器人耳更聪、目更明、手脚更灵活。然而,以固定工作顺序编写的按程序工作的机器人只能刻板地执行任务,即使给它安上外部传感器,使之能够从传感器上获得外界环境信息,从而有助于执行过程的控制,但这也只属于简单的反馈控制。

智能机器人之所以叫智能机器人,是因为它有相当发达的"大脑"。在脑中起作用的是中央计算机,中央计算机跟操作它的人有直接的联系。最主要的是,这样的计算机可以进行按目的的安排工作。智能机器人能够理解人类语言,用人类语言同操作者对话,在它自身的"意识"中单独形成一种使它得以"生存"的外界环境。它能分析出现的情况,能调整自己的动作以达到操作者所提出的全部要求,并能拟定所希望的动作,在信息不充分的情况下和环境迅速变化的条件下完成这些动作。当然,要它和我们人类思维一模一样,这是不可能办到的。不过,仍然有人试图建立计算机能够理解的某种"微观世界"。比如维诺格勒在麻省理工学院人工智能实验室里制作的机器人。这个机器人试图学会玩积木,包括积木的排列、移动和几何图案组合,努力使它达到一个小孩子的智力程度。这个机器人能独自行走和拿起一些物品,能"看到"东西并分析看到的东西,能服从指令并用人类语言回答问题。更重要的是它具有简单的"理解"能力,有明显的人工智能成分。

机器人的耳朵

机器人要和人对话,首先必须能听见人说话,因此,智能机器人的听觉是科学家研究的重点之一。

● 区别于人耳朵的机器人耳朵

人的耳朵和眼睛一样是重要的感觉器官,声波叩击耳膜,刺激听觉神经的冲动，之后传给大脑的听觉区，形成人的听觉。机器人的耳朵通常是用"收音器"或"录音机"来做的。被送到太空去的遥控机器人的耳朵就是一架无线电接收机。

人的耳朵是十分灵敏的。我们能听到的最微弱的声音，对耳膜的压强每平方厘米只有一百亿分之几千克。可是，用一种叫作钛酸钡的压电材料做成的"耳朵"比人的耳朵还要灵敏，即使是火柴棍那样细小的东西反射回来的声波也能被它"听"得清清楚楚。如果用这样的耳朵监听粮库，那么即使2~3千克的粮食里有一条小虫爬动的声音也能被它准确地"听"出来。

日本京都大学奥乃博教授和科学技术振兴团中台一博研究员在这方面取得了突破，最近发明出带有"人耳"的机器人。"人耳"机器人利用了仿生学原理，它的耳朵形状和人耳一样，对各个方向传来的声音均有聚音作用，而且分辨能力超过人耳，可以同时听清3个人的讲话。这种"人耳"的制作材料是硅，前后左右装有驱动装置，耳朵深处装有话筒。耳朵起天线的作用，对周围的声音有接收功能。耳朵表面由硅胶包裹，可以防止声音反射，进而增强了聚音效果。

另外用压电材料做成的机器人"耳朵"也能够听到声音，原理是压电材料在受到拉力或者压力作用时能产生电压，这种电压能使电路发生变化，称为电效应。当它在声波的作用下不断被拉伸或压缩的时候，就产生了随声音信号变化而变化的电流，这种电流经过放大器放大后送入电子计算机进行处理。这样，机器人就能听到声音了。

● 机器人耳朵可以识别声音

听觉传感器是机器人的耳朵。能听到声音只是做到了第一步，更重要的是要能识别不同的声音。目前，人们已经研制成功了能识别连续语音的装置，它能够以99%的比率，识别不是特别指定的人所发出的声音，这项技术使得电子计算机具有了"听话"功能。这将大大降低计算机操作人员的工作复杂度。操作人员可以用嘴直接向计算机发布指令，改变了人们以往操作机器时手和眼睛忙个不停而嘴巴和耳朵却是闲着的状况。利用"机器耳"，一个操作者可以用声音同时控制四面八方的机器，还可以对楼上楼下的机器同时发出指令，而且不需要照明，这样就使得机器人可以在夜间或地下工作。比如管道清理机器人、排爆机器人、装卸机器人等都可以在夜间工作，这样既可以提高工作速度又能节省时间。

仅仅要求对声音产生反应的听觉传感器是比较简单的，只需用一个声——电转换器就能办到。但若让家用机器人听懂主人的语言指令，根据指令去打扫房间、开关房门、倒垃圾等，那就很困难了。而若进一步要求机器人能与主人对话，区别主人和其他人的声音，从而只执行主人的命令，那就更是困难重重了。

● 声音传感器

机器人可不可以像人一样有听觉，能听到环境中的声音呢？当然可以，我们可以给机器人安装一个声音传感器。声音传感器实际上就是一个类似话筒或者耳麦的设备，用它来接收声音信息。声音的大小用音量表示，单位是分贝。一般的声音传感器只能感受到有无声音和音量的大小，而不能分辨语义。比如，一个声控机器人听到声音就开始前进，再次听到声音后就停止运动。声音传感器能够检测到的声压大于90分贝——声压的等级非常复杂，一般情况下在传感器上的数字越小，就表明声音越小。

现在的研究水平只是通过语音处理及辨识技术识别人的讲话，还可以正确理解一些极简单的语句。由于人类的语言非常复杂，词汇量相当丰富，即使是同一个人，其发音也会随环境及身体状况变化而变化。因此，要使机器人的听觉系统具有接近人耳的功能，除了扩大计算机容量及提高其运算速度外，还需人们在其他方面做大量艰苦的研究、探索工作。另外，人们还在研究使机器人能通过声音鉴别人的心理状态，希望未来的机器人不光能够听懂人说的话，还能够理解人的喜悦、愤怒、惊讶、犹豫和暧昧等情绪。这些都给机器人的应用带了来极大的发展空间。

机器人的手

机器人要模仿人类和动物的一些行为特征，自然应该具有人脑和动物大脑的一部分功能。机器人的大脑就是我们所熟悉的电脑。但是光用电脑发号施令还不行，还得给机器人装上各种感觉器官，比如"手""脚""胳膊"和"腿"。我们在这里重点介绍一下机器人的"手"。

机器人必须有"手"和"脚"。"手"和"脚"不仅是一个执行命令的器官，它还应该具有识别的功能，这就是我们通常所说的"触觉"。由于动物和人的听觉器官与视觉器官并不能感受所有的自然信息，所以触觉器官就得以存在和发展。人类和动物对物体的软、硬、冷、热等感觉就是靠视觉器官和触觉器官。比如，在黑暗中看不清物体的时候，往往要用手去摸一下才能弄清楚。大脑要控制手和脚去完成指定的任务，也需要由手和脚的触觉获得的信息反馈给大脑，以调节动作，使之正确执行大脑意愿。因此，我们给机器人装上的手应该是一双会"摸"的、有识别能力的灵巧的"手"。

● 普通机器人的"手"

机器人的"手"一般由方形的手掌和节状的手指组成。为了使它具有触觉，在它的手掌和手指上装上了带有弹性触点的触敏元件。如果要感知冷暖，还可以装上热敏元件。当触及物体时，触敏元件发出接触信号，否则就不发信号。在机器人各指节的连接轴上装有精巧的电位器，即一种利用转动来改变电路的电阻输出电流信号的元件，它能把手指的弯曲角度转换成"外形弯曲信息"。把外形弯曲信息和各指节产生的"接触信息"一起传入电子计算机，通过计算就能迅速判断机械手所抓的物体的形状和大小。现在，机器人的手已经具有了灵巧的指、腕、肘和肩胛关节，能灵活自如地伸缩摆动，手腕也会转动弯曲。通过手指上的传感器还能感觉出抓握的东西的重量，可以说机器人的手已经具备了人手的许多功能。

在实际情况中有许多时候需要这种复杂得多节人工指，而只需要能从各种不同的角度触及并搬动物体的钳形指。1966年，美国海军就是用装有钳形人工指的机器人"科沃"把因飞机失事掉入西班牙近海的一颗氢弹从750米深的海底捞上来的。1967年，美国飞船"探测者三号"把一台遥控操作的机器人送上月球。在人的控制下，它可以在两平方米左右的范围里挖掘月球表面40厘米深处的土壤样品，并且放在规定的位置，还能对样品进行初步分析，如确定土壤的硬度、重量等。它为"阿波罗"载人飞船登月当了开路先锋。

● 气动机器人的"手"

气动机械"手"是一个独立的系统,是一个有实际工作能力和真正使用价值的机械手,这种机械手具有先进的仿人体工学设计,包括气动机械手和人工肌肉。甚至可以像人手一样完成24个运动自由度。前臂上有36个气动人工肌肉和气阀。这种机器手的长度和人的手臂相当,制造材料为金属和工程塑料的组合。由固态压力传感器将气动人工肌肉的压力进行模数转换,手指从握紧到打开大约只需0.2秒左右,约为普通人手做同样动作的一半速度,它能够拿起稍重一些的物体,具有手风琴式的软管驱动器,还有一个微控制器发出操作指令并协调手指的动作。

它集成了手指传感和精密位置控制功能,并可以很容易地组合到已有的机器人系统里。由于它是气动且精密的控制,因此,非常适合用于抓取柔软和易碎的物品,如一个灯泡或一个鸡蛋。

机器人的下肢

人体下肢的主要功能是承受体重和走路。对机器人来讲,静止直立时支撑体重这一要求很容易做到,但要像人那样两足交替行走并平衡体重就是相当复杂的技术问题了。

● 机器人的"脚"

人走路时,重心是变动的,垂直方向上是时而升高、时而下降的,水平方向上也随着左右脚交替着地而相对应地左右摇动。重心变动的大小是随人腿迈步的大小和速度而变化的。当重心发生变化时,若不及时调整姿势,人就会因失去平衡而跌倒。人在运动时,内耳的平衡器官能感受到变化的情况,继而通知人的大脑及时调动人体其他部分的肌肉运动,巧妙地保持人体的平衡。而人能在不同路面条件下(包括登高、下坡、高低不平,以及软硬不一的地面等)走路,是因为人能通过眼睛观察地面的情况,最后由大脑决策走路的方法,指挥有关肌肉的动作。可以看出,要使机器人能像人一样,在重心不断变化的情况下仍稳定地步行，是一件非常复杂的事情。从人类需求机器人下肢功能来讲，只要求真能达到移动的目的。它行走的方式有：用足走路是一种形式，还可以像汽车、坦克那样用车轮或履带（以滚动的方式）移动等等。

移动机器人的导向可以分为有轨道式和无轨道式两种。有轨道式是以检测机器人与轨道的相对位置进行导向的；无轨道式则以检测机器人在移动环境中的位置进行导向。人类为了开发宇宙和海洋，需要在没有人工道路的自然环境中行走，使用轮子就会遇到很多困难，有时甚至无法移动。这就迫使人们去研究开发拟人和仿生物足的步行机器人。想要双腿走路，机器人必须首先解决随时平衡身体重心的难题，所以要从开发仿生物的多足步行机构着手。这类仿生腿大都采用连杆机构，一般有三四个自由度，具有髋关节、膝关节和踝关节。这类步行机器人有许多条腿，其中一部分腿用来平衡支撑机器人的重心，另一部分腿则用来迈步移动。两部分腿的交替工作过程，就是机器人迈步行走的导向。

● 假肢带来的启发

16世纪时，人们开始研制假肢，假肢的研制和使用对现代机器人的发展起着相当重要的作用。早在公元前500年，就有一个俘虏为挣脱其脚镣，从脚腕处割断自己的脚，之后自己设计了一副"木制的脚"来代替脚来走路。还有，在公元前218年的一次战争中，有一位将军失去了一只右手，后来人们给他装了一副铁制的假手，这副假手在战争中也相当有力。20世纪人们研制了电力驱动的人工手，它可以借助使用者断肢神经末梢的电脉冲放大后来驱动工作。这是传动和控制机器原理的重大发现，使用者能够借助机器手指行动自如地完成抓、拿、握、放等简单的动作。这种机械手早在20世纪60年代前就开始使用。后来人们慢慢转而研究是否可以把这个原理用在机器人的设计上。

● 磁电子罗盘

许多移动机器人设计基于导轨或寻线传感器，其行走路线、速度与灵活性均受到限制。用一种MSP430单片机解决了移动机器人的导航控制，结合电子罗盘用以获得方向性信息，用旋转编码器以获得行程信息。这样机器人的灵活性明显增强。可见，罗盘对机器人的下肢起着至关重要的作用。磁电子罗盘用于测量、计算磁场的方位角，并将其转换为电信号传输给移动机器人的控制器。磁电子罗盘采用磁电阻传感器，移动机器人的控制器接收来自磁电阻传感器的信号。磁电子罗盘具有体积小、成本低、无累计误差、能够自动寻北等特点，在抗冲击性、抗震性等方面也表现良好。

机器人的眼睛

人的眼睛是感觉之窗，人有80%以上的信息是靠视觉获取的。能否造出"人工眼"让机器也可以像人那样识文断字、看东西，是智能自动化的重要课题。关于机器识别的理论、方法和技术，称为模式识别。所谓模式是指被判别的事件或过程，它可以是物理实体，如文字、图片等，也可以是抽象的虚体，如气候等。机器识别系统与人的视觉系统类似，由信息获取、信息处理与特征抽取、判别分类等部分组成。

● 机器认字

目前的机器人认字主要应用于邮政系统的邮件分拣。大家知道，信件投入邮筒后需经过邮局工人分拣后才能发往各地。一人一天只能分拣两三千封信，现在采用机器分拣，可以提高效率十多倍。机器认字的原理与人认字的过程大体相似。先对输入的邮政编码进行分析，并抽取特征，若输入的是个6字，其特征是底下有个圈，左上部有一直道或带拐弯。其次是对比，即把这些特征与机器里原先规定的0~9这10个符号的特征进行比较，与哪个数字的特征最相似，就是哪个数字。这一类型的识别，实质上叫分类，在模式识别理论中，这种方法叫作"统计识别法"。

机器人认字的研究成果除了用于邮政系统外，还可用于手写程序直接输入、政府办公自动化、银行会计、统计、自动排版等方面。

● 机器识图

现有的机床加工零件完全靠操作者看图纸来完成，能否让机器人来识别图纸呢？这就是机器识图问题。机器识图的语法是基于人认识过程中视觉和语言的联系而建立的。把图像分解成一些直线、斜线、折线、点、弧等基本元素，研究它们是按照怎样的规则构成图像的，即从结构入手，检查待识别图像是属于哪一类"句型"，是否符合事先规定的句法。按这个原则，若句法正确就能识别出来。

机器识图具有广泛的应用领域，在现代的工业、农业、国防、科学实验和医疗中，涉及大量的图像处理与识别问题。

未来机器人

人类对机器人最初的设想，只是想让其代替人在工厂里做繁重的工作。然而，随着技术的发展，机器人越来越智能化、人性化，甚至拥有类似人类的听觉、视觉和触觉。

● 趋势一：感官功能越来越丰富

在慕尼黑展览会上，德国PAAL公司生产的调酒机器人Roboshaker吸引了众人的目光。它不仅能调制鸡尾酒，还能清理杯子。Roboshaker通过内置的摄像机检测调酒杯的刻度，还能找到啤酒瓶上的拉环和盖子，为客人开酒。生产商称Roboshaker是能"看得见"的机器人。

机器人拥有丰富的感官，不仅能在工厂车间中执行更多的任务，还能在其他行业大显身手，比如需要大量人手从事枯燥、重复性工作的饮食行业。"看得见"的机器人可以代替人调酒、做蛋糕、切菜、拌沙拉，而他们精确的计算功能可以把这些工作做得更好。

此外，机器人的触感也越来越灵敏。机器人通过触摸物体，能分析出物体的硬度、密度、形状等物理特性，然后使用相应的机械臂举起物品。还有一些工业机器人会用不同的"手"处理不同的物品，它们会使用类似人类手指的多关节机械臂轻柔地夹起巧克力放进盒子，举重物时则用圆盘形的机械臂承受重量。

赋予机器人听觉、视觉和触觉的最终目的，是让他们能更好地探索外部环境，为最终走出实验室，进入社会与人类共同生活、工作做准备。

● 趋势二：制造成本越来越低廉

随着计算机技术日益成熟，其使用成本也越来越低，使用计算机技术制造的高级机器人的成本也随之下降。由于现代机器人的功能越来越强大，能适应不同生产线需要，工厂企业无须为每条生产线配置单独的机器人，机器人的组装、维护成本因此大大地降低。以广泛应用机器人的汽车制造工业为例，他们使用的机器人非常昂贵，成本可达数百万美元，而这些机器人的组装、维护成本高达其制造成本的四倍。越来越便宜的机器人和维护费用无疑是企业的一大福音。

许多机器人生产商更看好娱乐机器人和家政机器人的巨大市场潜力，不断研发出便宜又新奇的机器人在市场推出。我们可以预见在不久的将来，机器人将作为管家、保姆以及玩乐伴侣进入我们的家庭。

● 趋势三：设计编程越来越简单

要让消费者把机器人买回家，首先要易于操作。德国机器人制造商KUKA是第一个引进电脑编程的公司，用电脑程序赋予机器人各种功能，替代以往只有大公司的工程人员才看得懂的专业编码。这样，消费者就能像用电脑一样使用机器人。一种名为"吊坠"的手动编程装置还可以同时为多台机器人编程，大大地提高了生产效率。设计的不断简化为未来大规模生产机器人打下了坚实的基础。

空中战士

无人侦察机

自20世纪80年代后期起,许多国家都把无人侦察机置于优先发展的地位,竞相研制和装备无人侦察机。

● "全球鹰"无人侦察机

诺斯罗普·格鲁曼公司的rq-4a"全球鹰"是美国空军乃至全世界最先进的无人侦察机,堪称"空中蛇眼"。

"全球鹰"机身长13.5米,高4.62米,翼展35.4米,最大起飞重量11622千克,其最大载油量6577千克,有效载荷900千克。一台涡扇发动机置于机身上方,最大飞行速度740千米/小时,巡航速度635千米/小时,航程26000千米,续航时间42小时。可以完成跨洲飞行,或者在距基地5556千米、高18288米的目标上空连续侦察监视24小时,然后返回基地。机上载有合成孔径雷达、电视摄像机、红外探测器三种侦察设备,以及防御性电子对抗装备和数字通信设备。合成孔径雷达的探测距离范围为20~200千米,能在一天当中监视1.374千米×105千米的面积,图像分辨率为0.9米,可区分小汽车和卡车;或者对1900个2千米×2千米的可疑地区进行仔细观察,图像分辨率为0.3米,能区分静止目标和活动目标。电视摄像机用于对目标拍照,图像分辨率接近照相底片的水平。红外探测器可发现伪装目标,分辨出活动目标和静止目标。侦察设备所获得的目标图像通过卫星通信或微波接力通信,以50兆比特/秒的速率实时传输到地面站,经过信息处理,把情报发送给战区或战场指挥中心,为指挥官进行决策或战场毁伤评估提供情报。

● "捕食者"无人侦察机

美国空军的RQ-1"捕食者"无人机,是目前一种重要的远程中高度监视侦察系统。

在伊拉克战争中，"捕食者"曾与米格-25交战，使得该机成了第一种直接进行空中战斗的无人机。"捕食者"装有合成孔径雷达、电视摄影机和前视红外装置，其获得的各种侦察影像，可以通过卫星通信系统实时地向前线指挥官或后方指挥部门传送。一个典型的"捕食者"系统包括4架无人机、1个地面控制系统和一个"特洛伊精神II"数据分送系统。无人机本身的续航时间高达40小时，巡航速度126千米/小时。飞机本身装备了UHF和VHF无线电台，以及作用距离270千米的C波段视距内数据链。机上用于监视侦察的有效载荷为204千克。机上的两色DLTV光学摄影机采用了955毫米可变焦镜头。高分辨率的前视红外系统有6个可调焦距，最小为19毫米，最大560毫米。诺斯罗普·格鲁门公司的合成孔径雷达为"捕食者"提供了全天候监视能力，分辨率达到了0.3米精度。其他可选的载荷可按具体任务调整，包括激光指示和测距装置、电子对抗装置和运动目标指示器。"捕食者"可装载在运输箱内，进行长途运输。

目前，无人侦察机正逐渐趋于成熟，已经成为现代战争中不可缺少的信息支援与保障手段，并随着技术的发展，将有可能在未来战争中逐步取代有人驾驶侦察机，从而使未来战争的机载侦察手段无人化。

无人监视机

无人机用途广泛、成本低、效费比好，无人员伤亡风险，生存能力强，机动性能好，使用方便。在现代战争中具有极其重要的作用，在民用领域更有广阔的前景。在越南战争、海湾战争乃至北约空袭前南斯拉夫的过程中，无人机都曾被频繁地使用。

● "暗星"无人机

"暗星"属于一种全新概念的新型无人机，主要用于突入严密设防的敌方地区，对高价值目标实施侦察和监视。"暗星"无人机的最大特点是采用全隐身设计，可以连续数小时飞行盘旋和监视而不被发现，是窥视敌方军事行动的"隐形物"。以色列国防军主要用无人机进行侦察、情报收集、跟踪和通讯。"暗星"长4.57米，翼展21米，机高1.52米，是一种亚音速飞机，活动半径超过1800千米，可在13700米高度巡航飞行8小时，主要用于实时监视，"暗星"无人驾驶监视机装备合成孔径雷达（SAR）或电光探测器（EO），并且二者可以在现场相互转换。其设计性能是，在续航8小时内总监视覆盖面积为48000平方千米左右；在1米分辨率时，搜索速度为5480千米／小时；能显示0.3米的目标点；单机可截获目标600个。

● "龙眼"无人机

1个"龙眼"系统包括3架无人机和1个地面控制站，是世界上投入使用的无人机当中最小的，是海军陆战队使用的小型、全自动、可返回、手持式发射的无人机，"龙眼"无人机重2.3千克，通过手持发射，可以重复使用，翼展约1.1米。其飞行高度91～152米之间，时速约56千米。执行任务的时间为30～60分钟。可以非常方便地拆卸并装入背包，能用手或橡皮筋绳弹射发射，航程却高达5千米～10千米。该机能飞行近1小时，同时能传输视频图像，向地面部队提供以前通常只有高级战略指挥官才能掌握和享有的战场实时侦察情报。"龙眼"由螺旋桨推进，装有一台摄像机，在飞行过程中，士兵还可利用带无线调制解调器的笔记本电脑对其进行重新编程，对其进行飞行计划编程、飞行监控并存储接收到的视频信号。该无人机通过GPS标记点引导，每个标记点可以表示不同的路线类型、盘旋搜索模式和海拔高度，它的飞行路线可以在飞行过程中进行更新和改动。飞机上的微型摄像机能在夜间探测红外辐射，感应引擎的热量，从而侦察各种伪装的车辆。

"龙眼"虽然体积小，但在着陆时总是摔坏。美国海军陆战队只在对抗路边炸弹和地雷这样的关键任务中使用"龙眼"，并不在日常侦察中使用它，因为它无法覆盖足够的区域。"龙眼"易于发射，便于携带，飞行时很安静，可以在空中对罪犯进行实时监视；它的飞行高度较低，且在空中停留时间长，灵敏的生化传感器可以测量烟囱的烟尘排放量或监测空气中化学物的浓度；此外，它在防止森林火灾、监视地面交通和跟踪野生动物群等方面也有很好的利用价值。

由于无人驾驶飞机还是军事研究领域的新生事物，实战经验少，各项技术不够完善，所以其作战应用还只局限于高空电子照相侦察、监视等有限技术，并未完全发挥出应有的巨大战场影响力和战斗力。

无人电子对抗机

电子对抗又称电子战，是现代战争中一种重要的作战手段。其目的在于削弱、破坏敌方电子设备的使用效能和保障已方电子设备正常发挥效能，为掌握战场主动权、夺取战役、战斗的胜利创造有利条件。电子对抗飞机是专门用于对敌方雷达、无线电通信设备和电子制导系统等实施电子侦察、电子干扰或袭击的飞机。电子对抗飞机是战斗机、攻击机、轰炸机等主战飞机的"保护神"。

● "云雀"无人电子对抗机

"云雀"无人电子对抗机具有体积小、机动灵活、被发现率低、突防能力强以及风险代价小等优点。"云雀"重约4.536千克，在正常巡航高度可飞行约1个半小时，采用电推进，静音性能好。目前没有任何电子对抗机能超过"云雀"的能力，能从近42000米海拔处发射，自主飞行到超过4500米高度，并在山区地形中进行了精确的定点回收。一套电子对抗机的系统配置包括3架小型无人机、1个地面控制站以及昼夜侦察载荷。全部系统可拆分安装在两个背包中，由两名士兵操作，使用起来简单方便。是未来军事战争中不可缺少的重要武器。

"云雀"设计用于装备旅级和营级机动部队，特别是满足全球反恐战的需要。根据实际使用经验，若恐怖分子听到了飞机发出的声音，就会很快躲藏起来，这样就会失去消灭他们的机会，所以在这种情况下静音性能非常重要。目前，为了避免被过早地发现，人们不得不让它飞高点，但这就使它的传感器常被云层遮挡，无法持续进行监视和跟踪，也不能充分发挥光电/红外传感器的效能；合成孔径雷达虽可穿透云层，但它的精度难以做到识别人员及其活动，即无法给出打击恐怖分子所需要的特定信息。所以，电推进技术最适合在反恐作战环境中使用，采用它还可简化结构和提高可靠性。"云雀"就采用了基于可充电电池组的全电推进，飞行时的声音很小，在130米外就听不到了。

● "哈比"无人电子对抗机

"哈比"无人电子对抗机采用一台19千瓦的双缸双冲程活塞式发动机和推进式螺旋桨，带有反辐射导引头，可全天候作战使用。飞行速度200千米/小时，巡航速度165千米/小时，飞行高度3000米，航程100千米以上，续航时间3小时~5小时，攻击精度达5米。

无人电子对抗机具备体积小、机动灵活、不载人、突防能力强以及风险小等特点，此外，它还具备自主探测和目标定位与攻击能力，且可在对方防空系统雷达关机时留空巡航搜索并猎寻目标，待对方雷达开机时再发起进攻。

"哈比"无人机具有三角形机翼，长2米，采用活塞推动，火箭加力。"哈比"无人机配有红外自导弹头、优越的计算机系统和全球定位系统，以及确定打击次序的分类软件。"哈比"无人机从卡车上发射，沿设计好的轨道飞向目标所在地区，在空中盘旋，可以自主攻击目标或返回基地。如测出陌生的雷达，将载着32千克高爆炸药撞向目标，同归于尽。"哈比"无人机的特点是：机动灵活，航程远，续航时间长，反雷达频段宽，智能程度高，生存能力强，可全天候使用。"哈比"无人机采用普通车用汽油或航空汽油作为燃料。

"哈比"反雷达无人攻击系统由"哈比"无人机和用于控制及运输的地面发射平台组成。一个基本火力单元由54架无人机、1辆地面控制车、3辆发射车和辅助设备组成。每辆发射车装有9个发射装置，发射箱按照三层三排布置，每个发射箱可装2架无人机，因此，一辆发射车装载18架无人机。

无人驾驶战斗机

由于控制技术的不断提高和智能控制理论的不断完善，在战机中出现了一类不用驾驶员驾驶就能够执行任务的飞机，这就是无人驾驶战斗机。无人驾驶战斗机是依靠内在的自动驾驶仪器自动飞行或通过地面遥控飞行的作战飞机。与飞行员们驾驶的战斗机相比，机器人作战系统拥有更大的飞行半径和飞行时间，在高技术战争中发挥着独特的作用。

● JSF式无人驾驶战斗机

JSF无人驾驶战斗机是美国波音公司研究的由联合攻击战斗机JSF改装而成的无人作战飞机，其突出特点是与有人驾驶的联合攻击机混合编队作战，具有高机动性和很强的追踪与规避能力。

● X-47隐身无人作战机

隐身无人作战机是由美国诺斯罗普·格鲁曼公司提出的设想方案，其外形类似于B-2隐形轰炸机。该机最大特点是隐身性能好，作战半径约1300千米，携带450千克的精确制导弹药，可实行空中巡逻、情报收集、对地攻击等作战任务。X-47分为A和B两种型号，其中X-47B由斯罗普·格鲁曼公司与洛克希德·马丁公司联合研制。该机在航母上所占的空间不会超过A-4战斗机。它的动力系统采用F100发动机，这种发动机原是为F-16战斗机研制的。X-47B机载传感系统具有探测敌方导弹和识别地面目标的能力，机载计算机具有自主跟踪、攻击的决断能力，它还具有独特的通信和遥控方式，具有良好的隐形性能和战场生存能力。它将具备高水平的空战系统，可在1万米高空以高亚音速速度巡航，可以携带重达1814千克的武器载荷，能够满足联合网络作战的要求，为美军执行全天候的作战任务提供作战支持。另外，X-47B还能进行空中加油，以提高战场覆盖能力和进行远程飞行。

● "2025攻击星"无人作战机

美国海军计划在2025年前组建首支舰载无人驾驶战斗机中队。按照名为"F/A-XX"的规划，美国海军将对若干新型无人驾驶飞行器的技术特性进行评估，并根据评估结果研制新一代的舰载无人驾驶战斗机。

这是美国空军大学在出版《2025研究报告》中提出的一种可在2025年投入使用的高空长航时无人作战飞机，可以高亚音速巡逻飞行，飞行高度可达26000米，作战半径6800千米以上，目标上空留空时间24小时，续航时间40小时。

● 俄罗斯的无人驾驶战斗机

2007年俄罗斯公布了一款外形像蝙蝠的无人驾驶轰炸机模型，这架飞机采用无人驾驶技术，战机重10吨，载弹量2吨，航程4000千米，飞机平坦、后掠翼的外形，令人联想到美国空军的隐形战机。

由俄罗斯米格公司设计的这款飞机在回避敌人雷达和防空炮火方面的性能，甚至超越了美国知名的隐形战斗机。此型号轰炸机的承造商宣称他们的匿踪技术将使得这架飞机比美国的隐形轰炸机更不容易被雷达侦测到。即使该轰炸机遭到猛烈炮火攻击，它也能够攻击地面及海面目标，特别是敌军防空阵地。

海洋扫描无人机

海洋扫描无人机能够从行驶中的轿车上发射升空或用充气弹射装置发射。海洋扫描无人机通过全球定位系统导航。

● "扫描鹰"无人机

"扫描鹰"作为美军一种新型无人机系统，其体积大小、耐久能力以及有效载荷性能是无可比拟的，其重量轻、燃油效率高。它可在空中持续飞行超过15个小时，并且可飞抵4900米高空。该机安装了光电或红外摄像机，可辨认8000米远处小至救生船的目标。飞机还安装了配备摩托罗拉40兆赫MPC555芯片的微型计算机，能够将数据实时传输给一颗卫星，再由卫星传输给地面接收站。该机通常采用大圈循环飞行路径，保证大范围的全面覆盖，通过调整其飞行路径中心，可对特定的地面目标进行跟踪。"扫描鹰"ISR能将为战斗人员及时提供清晰的战场图像。另外，它的通信中继技术将使作战中的海军更容易接收和共享信息。"扫描鹰"无人机已在美国海军陆战队和美国海军服役，通过该无人机可以对作战部署进行改进。此外，"扫描鹰"还具有另外一个设计上的重要特点，那就是其内置的航空电子舱和模块化设计。这种航空电子舱允许"扫描鹰"将新型载荷和传感器进行无缝隙式综合，并保证"扫描鹰"可以使用最新型技术；其模块化设计，例如发动机和载荷设计，则可以在战场上进行快速交互以达到最佳飞行状态。

● "苍鹭"无人机

"苍鹭"无人机主要用于实时监视、电子侦察、干扰通信中继和海上巡逻等任务。它可携带光电/红外雷达等侦察设备进行搜索、探测和识别，进行电子战和海上作战。在民用方面还可进行地质测量、环境监控、森林防火等。该机采用复合材料结构、整体油箱机翼、先进的气动力设计、可收放式起落架、大型机舱，电源系统功率大，传感器视野好。动力装置采用一台四冲程活塞发动机，在海军的"苍鹭"系统中，将安装专为无人机设计的EL/M-2022U海上搜索雷达。该雷达可自动探测和跟踪水面目标，并具有测距能力和逆合成孔径成像工作方式，能自主对目标进行识别和分类，所获得的显示视频和数据将通过数据链传输给地面控制站。

"苍鹭"无人机可搭载合成孔径雷达、海上扫描雷达、电子或通信情报任务载荷等。该无人机具备长达52小时的持续飞行能力和自动起降能力，使之可按预先任务规划自主飞行。其翼展16.6米，机长8.5米，机高2.3米。最大起飞重量1100千克，任务设备重量250千克，燃油重量400千克。最大平飞速度240千米/小时，实用升限10668米，航程250千米，续航时间50小时左右，采用1台功率74.6千瓦的涡轮增压4缸4冲程发动机。可自主飞行1000千米，视线使用半径可达200千米，采用超视线数据链时使用半径可达350千米。采用轮式起飞和着陆方式，飞行中由预编程序控制。

拥有能实时监视战场动态、搜集战场情报并适时发起攻击的武器系统是取得现代战争最后胜利的根本保证。而在追求"人员零伤亡"战争理念的今天，无人机无疑是实现这一目的最快捷、最可靠而又最诱人的途径。

微型无人机

微型无人机是20世纪90年代中期才出现的，随着纳米技术和微电技术的发展，微型无人机正逐步取得完善。所谓的微型无人机，是指翼展和长度小于15厘米的无人机，也就是说，最大的微型无人机只有飞行中的燕子那么大，小的就只有昆虫大小。这些微型无人机可以用手提箱携带，根据需要随时出动，实行侦察和情报任务，也可以用这类无人机携带毒气，根据需要适时攻击。

对于微型无人机来讲，飞行控制是一个难点，首先要有一套飞行控制系统来控制其飞行，这样在面临湍流或突发的阵风时可以保持其航线，并可执行操作人员的机动命令。若微型机需要对目标成像的话，还需要稳定瞄准线。一旦飞到空中，微型无人机需要保持它与操作人员之间的通信联系。由于体积重量的限制，目前只能采用微波通信方式。尽管微波可以传播大量的数据，足够进行电视实况转播，但它却无法穿透墙壁，因而只能在视距内使用它，微型无人机的尺寸小，限制了无线电的频率及通信距离。当微型机飞出视距或视线被挡住时，就需要一个空中的通信中继站，中继站可以是另一架飞机或者卫星。要想在战场上实际应用，微型无人机还需要携带各种侦察传感器，如电视摄像机、红外、音响及生化探测器等。这些都必须是超轻重量的微型传感器，因而部件小型化是传感器技术发展的关键。

● 步兵手掷式微型无人机

有一种比鸟还小的微型无人机，可以在人们毫不知情的情况下进行空中侦察，提供建制部队步兵无法迅速到达的远处重要战区，实时侦察和监视图像，这样不仅可减少部队在侦察过程中的伤亡，还可大大提高作战效率。它在城市作战中优势尤为突出，能够在建筑物群中以缓慢的速度飞行，以便绕过障碍并且避免撞到墙上；可飞到大型建筑物上执行城区侦察任务；还可探测和查找建筑物内部的敌对分子和恐怖分子，并可窃听敌方作战计划等。体积小、重量轻的微型无人机不单制造和使用成本低，而且在视觉、噪声和雷达反射截面等多方面都有很强的隐形效果。它有在树冠下、市内楼房间或建筑物内飞行的高机动性能，具有完成超常规任务的能力。尤其是在城市街巷作战中，微型无人机可在楼宇间、房顶上、窗台上观察隐蔽在街角或房间内的袭击者，从而为在街区执行任务的士兵预警，避免更多士兵遭袭伤亡。

微型无人机对于未来的城市作战具有重大的军事价值，在民用领域也有着广泛的用途。现在微型无人机的研究正在加紧进行，它发展的潜力是很大的。在战场上，微型无人机，特别是昆虫式无人机，不易引起敌人的注意。即使在和平时期，微型无人机也可用于通信、环境研究、自然灾害的监视与支援。也是探测核生化污染、搜寻灾难幸存者、监视犯罪团伙的得力工具。并在未来大型牧场和城区监视等民用方面具有广阔的市场和应用前景。

无人直升机

无人直升机的旋翼能在静止空气和相对气流中产生向上的力，旋翼由自动倾斜器操纵可产生向前、向后、向左或向右的水平分力，因而无人直升机能做到：垂直上升或下降、空中长时间悬停、原地转弯，并能前飞、后飞和侧飞；贴近地面飞行，或利用地形地物隐蔽飞行；还可以在野外场地垂直起飞和降落，不需要专门的机场和跑道；若发动机发生故障空中停机，无人直升机可以自动降落。

● "火力"直升机

1998年11月，美国海军向国防部联合需求评审会提交了发展舰载垂直起降战术无人机的作战需求文件，决定发展能够从地面和军舰上自动垂直起飞降落，并能在空中稳定悬停的轻型无人机。随后，布诺·格公司的"火力侦察兵"被美国看中，编号为RQ-8A。"火力侦察兵"是以美国施韦策公司研制的施韦策330为基础发展起来的，这种做法显然有利于缩短新机的研制周期，节省开发成本，大大降低了新型号的研制风险。

"火力侦察兵"无人直升机已被选为美陆军"未来战斗系统"（FCS）中的Ⅳ级（旅级）无人机，也是FCS已规划的无人机中最大、最高级的一种。该"火力"直升机具有多种强大的功能：

执行情报、监视、侦察（ISR）任务。利用机载的光电、红外传感器和激光测距、指示仪等基本任务载荷，"火力侦察兵"即可实施战术目标搜索、识别、跟踪和指示，并通过KU波段战术通用数据链（TCDL）终端，将目标信息直接传递到己方的火力打击平台；也可自主实施火力打击，并在完成打击后，实时对目标战损情况进行评估。

为指挥官提供实时的战场状况信息。作为网络中心战战场空间内的关键节点,"火力侦察兵"利用3套机载ARC-210无线电系统,提升了美军指挥、控制、通信、计算机和情报体系结构的有效性和灵活性。

精确火力打击。利用机上挂载的GPS和半主动激光复合制导的"蝰蛇打击"精确制导武器、激光制导的"低成本精确杀伤火箭"和"九头蛇无制导火箭","火力侦察兵"能够对地面或海上的点、面状目标进行火力打击。

超越地平线目标瞄准。在"火力侦察兵"无人机系统投入使用后,美军战地指挥官可依托舰载或地基控制节点,对海、陆、空作战行动进行"无缝控制"。"火力侦察兵"获取的目标瞄准信息,可直接、实时地传递给包括战斗机、舰射导弹和地面火炮等在内的所有可能对敌方目标实施打击的武器平台。

该机还可用于其他任务,例如为部队提供补给,它证明了"火力侦察兵"在与地面控制站失去通信联系后仍可继续执行任务。还可以替有人飞机执行那些枯燥、恶劣和危险的任务,而且飞行的成本要低得多。

● 我国的无人直升机

2008年,我国无人直升机试飞成功。这标志着我国在此领域的技术已跻身世界先进行列。相对于无人固定翼机,无人直升机具有更好的飞行稳定性,在技术上的要求也更为严格。正因如此,在众多无人机中,"天鹰"-3型无人直升机显得尤为与众不同。独有的悬停和垂直起降功能,使"天鹰"-3型无人直升机特别适合于起降空间狭小、任务环境复杂的场合使用。"天鹰"-3是目前国内比较成熟的,已投入市场使用的一型无人直升机。在配备了彩色摄像平台、红外热像仪、数码照相机等设备后,可广泛应用于监控走私、边境巡逻、城市规划航测等。在加装特需任务设备后,还可完成无线通信中继、电子对抗模拟、地球物理实验、科学探险考察等任务,是一种机动灵活的空中平台。

太空探测

空间机器人

开发和利用太空的前景无限美好，可是，恶劣的空间环境给人类在太空的生存活动带来了巨大的威胁。要想使人类在太空停留，需要有庞大而复杂的环境控制系统、生命保障系统、物质补给系统、救生系统等，这些系统的耗资巨大。

在未来的空间活动中，将有大量的空间加工、空间生产、空间装配、空间科学实验和空间维修等工作要做，这样大量的工作不可能仅仅只靠宇航员去完成，为减少宇航员在太空作业的危险、降低空间发射的费用和成本，以及提高空间设备的自动化水平与作业效率，在空间资源开发和利用中还必须充分利用空间机器人，空间机器人必将在未来的空间实验室或空间站中发挥重要的作用。近年来，适用于空间站的冗余度机器人双臂/手系统的应用研究得到了较多的重视。它已经形成多学科交叉研究新领域。

空间机器人不同于地面机器人。从经济上考虑，从地面向空中发射物体，每一千克的发射费用约需两万美元，因此，对空间机器人的要求是重量轻、体积小。一般来说，在具有相同操作空间的前提下，每个地面机器人都有几百千克重，但一个空间机器人的重量却只有几十千克。空间机器人系统根据其基座的控制方式可分为固定基座机器人系统、自由飞行机器人系统和自由漂浮机器人系统。1981年，空间站上的"大臂"RMS用于协助宇航员进行舱外活动，标志着空间机器人进入空间实用阶段。到目前为止，RMS已在空间站进行了多次轨道飞行器的组装、维修、回收、释放等操作。

● 中国的空间机器人

早在20世纪80年代末，中国空间机器人的研制就开始起步了。中国第一代空间机器人是在"七五"期间研制成功的，它属于固定基座机器人系统，但它的意义应该说还只是中国的概念空间机器人。经历了十几年的刻苦攻关，如今的第三代空间机器人已是具有9个关节、14对传感器，可用于摆动爬行和蠕动爬行进行操作的可自由移动的机器人。通过事先给机器人输入指令和空间站的遥控指令，在空间，他可以完成一系列包括行走、检测、搬运、更换零件、插／拔插头、抓拿浮游物体等精细的操作任务。这一切都有赖于安装在其手和脚上的传感器。在深圳举行的中国国际高新技术成果交易会上，我国展示了正在研制的"空间机器人"的局部图像。

月球探测机器人

浩瀚的宇宙，因神秘而令人向往。月球是离地球最近一个天体，近地点距离为363300千米。天文学家早已用望远镜详细地观察了月球，对月球地形几乎是了如指掌。月球上有山脉和平原，有累累坑穴和纵横沟壑，一片死寂和荒凉。尽管巨型望远镜能分辨出月球上50米左右的目标，但仍不如实地考察那样清楚。因此，人类派出使者去探访月球。

● 人类月球探测大事记

1959年1月2日，苏联发射了"月球1号"探测器。"月球1号"从距离月球表面5000多千米处飞过，并在飞行过程中测量了月球磁场、宇宙射线等数据，这是人类首颗抵达月球附近的探测器。1969年7月16日—24日，人类完成了首次登月任务。3名美国航天员乘坐"阿波罗11号"飞船在月面着陆，然后他们先后走出登月舱，人类的足迹第一次印在了月球上。1970年9月12日—24日，苏联的"月球16号"探测器成功完成了月面自动采样，并携带101克月球样品安全返回地球，使人类首次实现了月面自动采样并返回地球的探测活动。1994年1月21日，美国发射了"克莱门汀号"环月探测器。该探测器在对月球南极进行探测时，首次发现月球南极可能存在水的直接证据。2002年8月13日，在山东青岛召开的2002年深空探测技术与应用国际研讨会上，中国正式对外宣布将开展月球探测工程。

● 月球探测"鼹鼠"机器人

日本宇宙科学研究所和东京大学开发成功了月球探测"鼹鼠"机器人，它可以像鼹鼠一样钻入月球地下11米，采集矿物质加以分析，弄清月球地表的结构。

《日经产业新闻》报道，月球探测"鼹鼠"机器人是一个直径10厘米、长20厘米的圆筒，从宇宙飞船投放到月球后，可垂直钻入地下。它有掘进和排砂两种装置，排砂装置有两根旋转的滚柱，把挖出的砂石碾轧结实，掘进装置把活塞顶在碾轧后的砂石上，用活塞推动身体前进。

研究人员下一步的任务是制作月球地面配合设备，设计中的地面设备直径为20~30厘米，内装有太阳能电池。月球地面设备除了向机器人供应电力之外，还负责接收机器人的探测数据，向地球发送信号。

● 欧洲"智能1号"

作为欧洲航天局发射的第一个月球探测器，"智能1号"是个长宽高各为1米的立方体，它的太阳能帆板展开为14米，提供的电力为1.9千瓦，其有效载荷量虽然仅为19千克，但却包括了用于完成10多项技术试验和科学研究的仪器设备。探测器的造价为1.08亿美元，而整个项目的花费仅1.4亿美元。"智能1号"上装备了高清晰度微型摄像机、红外线及X射线分光计等最新探测设备，这些设备从月球轨道拍摄并传回了月球表面图像达2万多张。此外，过去所有的月球探测器都是在月球的赤道区域着陆，探测范围也往往局限在这些区域。而"智能1号"长时间环绕月球极地轨道飞行，绘制了月球表面的整体外貌图，其中包括过去人们缺乏了解的月球不可观测面和极地概貌。"智能1号"不但让科学界第一次发现月球极地与赤道区域的许多不同地质构造，也让人类第一次发现在接近月球北极存在一个"日不落"区域，这个区域甚至在冬季都始终有阳光照耀。

嫦娥一号

由中国空间技术研究院研制的"嫦娥一号"卫星是中国的首颗绕月人造卫星,它的发射是中国登月计划迈出的第一步。"嫦娥一号"发射的成功,使中国成为世界第五个发射月球探测器国家。"嫦娥一号"以中国古代神话人物嫦娥命名,主要用于获取月球表面三维影像、分析月球表面有关物质元素的分布特点、探测月球土壤厚度、探测地月空间环境等。

● "嫦娥一号"成功发射

2007年10月24日18时05分,在中国西昌卫星发射中心,"长征三号"运载火箭托举着"嫦娥一号"卫星顺利升空;18时30分星箭分离,卫星在太平洋上空以接近每秒8千米的速度进入预定的大椭圆轨道;19时09分,"嫦娥一号"发射成功,"嫦娥"奔月旅程正式开始。31日17时15分,"嫦娥"在南太平洋上空600千米处,成功被月球引力捕获,进入周期12小时、近月点210千米、远月点8600千米的绕月椭圆轨道,投入月球的怀抱,成为一颗真正的"月球卫星"。11月7日,"嫦娥一号"的首飞任务实现"准确发射,准确入轨,精密测控,准确变轨,成功绕月"。11月12日15时05分由"嫦娥一号"拍摄数据制作完成的"中国第一幅全月球影像图"公布。影像图覆盖了月球西经180°到东经180°,南北纬90°之间的范围。这是世界上已公布的月球影像图中最完整的一幅影像。2009年3月,在科技人员的精确控制下,"嫦娥一号"卫星准确落入东经52.36°、南纬1.50°的月球表面指定区域,成功完成硬着陆。撞击月表的一瞬,也是这位中国首个探月使者生命的最后一抹绚烂。

● "嫦娥一号"完成4次变轨

"嫦娥一号"2007年10月25日17时55分完成第一次变轨,卫星近地点高度由约200千米抬高到约600千米,变轨圆满成功。这次变轨表明,"嫦娥一号"卫星推进系统工作正常,也为随后进行的3次近地点变轨奠定了基础。10月26日17时"嫦娥一号"卫星成功实施第二次变轨。这是卫星的第一次近地点变轨。"嫦娥一号"卫星第二次变轨后,将进入24小时周期轨道。远地点高度由5万多千米提高到7万多千米。10月29日卫星远地点成功实施第三次变轨，高度由7万余千米提高到12万余千米，开创了我国最远航天测控的新纪录，10月31日17时28分，"嫦娥一号"卫星成功实施第四次变轨，顺利进入地月转移轨道，开始飞向月球。卫星变轨成功，由绕地飞行轨道顺利进入地月转移轨道。

在探测任务结束后，"嫦娥一号"卫星还自距地球38万千米的绕月轨道上向地面传回最后一段语音："经过一年的太空遨游，我的任务已经结束。我祝愿在'自主创新、重点跨越、支撑发展、引领未来'的方针指引下，中国的探月工程不断创造新的辉煌。""嫦娥"奔月的成功带给中国人的是加快发展的坚定信心。

月球车

月球车是在月球表面行驶并对月球考察和收集分析样品的专用车辆。学名是"月球探测远程控制机器人"，公众已经习惯叫它"月球车"。世界上第一颗人造卫星发射成功后，产生了月球车。科学家对经由月球车在月面实地考察所带回的宝贵资料进行了分析研究，大大深化了人类对月球的认识。1970年11月17日，航天史上的第一辆月球车搭载苏联"月球17号"探测器登陆月球。这是一款无人驾驶型月球车，长2.2米，宽1.6米，重756千克，由轮式底盘和仪器舱组成，用太阳能电池板和蓄电池联合供电。

● "月球车一号"

苏联"月球车一号"的轮子直径是51厘米，通过电动机驱动和使用电磁继电器制动。仪器舱内除了安置遥测系统和电视摄像系统以外。还装有一枚同位素热源，可以使之保持一定温度。"月球车一号"总共行驶了10540米，考察了8万平方米范围的月面，拍摄照片超过2万张，在行车线的500个点上对月壤进行了物理力学特性分析，并对25个点的月壤进行了化学分析。此外，它还收集了大量月面辐射数据。它的寿命达到了10个月，直到它所携带的核能耗尽为止。这比原计划的90天长了许多。"月球车一号"的成功，让美国人深受鼓舞，于是，在他们的月球探测中也出现了月球车。

● 无人驾驶月球车

无人驾驶月球车用太阳能电池和蓄电池联合供电。这类月球车的行驶靠地球表面遥控指令。

无人驾驶的月球车实际上也是一种探测机器人，从结构上可分为车体、仪器设备箱、车轮与悬挂系统、视觉系统、机械臂，以及取样分析仪器、通信系统、导航系统、成像设备、温控系统等部分，每个车轮有独立的驱动装置和悬挂系统，可保证车子在颠簸的行星表面行驶时，车体仍能保持平稳，使探测设备正常工作。现有的行驶机构主要有履带式、腿式和轮式，其中轮式的效率最高，但适应能力最差；而腿式的适应能力最强，效率最差。总体上说，月球车有小型化的趋势，"多车、群控"是主要发展方向。

● 有人驾驶月球车

有人驾驶月球车是由宇航员驾驶在月面上行走的车。主要用于扩大宇航员的活动范围和减少体力消耗，可随时存放宇航员采集的岩石和土壤标本。这类月球车的每个轮子各由一台发动机驱动，靠蓄电池提供动力，轮胎在-100℃低温下仍可保持弹性，宇航员操纵手柄驾驶月球车，可向前、向后、转弯和爬坡。

美国宇航局（NASA）正在为2020年重返月球做准备。NASA的新式月球车被命名为"战车（Chariot）"，这一月球车显得十分"时尚"。"战车"与第一代月球车有很大不同，它的设计挑战了传统设计方式，它能够搭载两名宇航员，宇航员不再坐着驾驶，而是站着。除前后移动外，"战车"也能像螃蟹一样横向移动。它采用6个轮子，而不是传统的4个。"战车"式月球车的行程和速度将得到提高，"战车"的最高行驶速度能达到每小时13.8米。

探月工程开启了人类深空探测事业的大门。由此开始，一系列的深空探测器将逐渐进入人们的视野，"月球车"则是其中的首发队员。中国各个科研单位的研究人员正在积极地制造中国版的月球车。相信不久以后中国的月球车必将行驶在月球之上，从而打开中国对月球探索的大

门。火星和月球探测机器人

火星和月球探测机器人

美国宇航局（NASA）很早就已拟订了宏伟的太空发展战略。美国前总统布什曾宣布，要在2015年再次将宇航员送上月球，并最终送上火星。NASA曾宣布，他们计划在2037年以前将美国宇航员送上火星。将于2010年完工的国际空间站将成为一个"太空中转站"，人类可以先抵达国际空间站，再前往月球及火星旅行。在不久的将来，人类将可以在火星上建立"定居点"。

● 溜溜球机器人

据英国《新科学家》杂志报道，在将来的某一天，一种类似线轴的滚筒状机器人将可通过绕绳下降方式进入其他行星或卫星陡峭而险峻的陨坑，同时也可利用绳索拴住另一头的飞船。这项从空中气球或者更大型漫游者腹部启程而后潜入目标区域的技术被称为"绳索袋"。

目前，美国宇航局和加州理工学院的工程师正在设计名为"Axel"的机器人。该系统看上去非常简单，仅由一个两侧装有轮子的圆柱体组成。轮子能够滚过0.5米高的岩石。Axel的机械臂可以绕轮轴进行360°旋转。机械臂的用途是收集土壤样木，并在遭遇复杂地形时为轮子提供推动力。

连接漫游者及其"总部"的绳索可以卷绕，允许漫游者探索对未系绳机器人——例如宇航局的"机遇号"和"勇气号"火星车——来说太过陡峭而无法穿过的区域。美国宇航局喷气推进实验室的工程师说："我们的目标是探测月球和火星上深度较大且陡峭的陨坑。"除此之外，Axel也可利用漂浮在土星卫星——土卫六"泰坦"大气层中的气球下降到目标区域。

● 新一代火星和月球探测机器人

在加州的美国太空署喷气推进实验室，研究人员正在进行新一代探测机器人的研究。这些被称作"bulldozer"的机器人配有一把小铲，可以把样本土壤铲到后面的容器中。不同于那重达上千磅的实体巨型推土机，这些机器人重量轻，具有人工智能，可以在无人操作情况下完成任务。尽管相对于那些体形巨大的同类来说，它们块头很小，但是却具有同样的功能。在未来几年中，这种机器人的微型推土机可能会被应用于在火星上的生命探测，或者为人类登陆火星和月球做准备。

挺进火星的探测器

火星是自然环境最接近地球的行星，所以被认为是最适合人类移民的星球。近百年来，科学家们对这颗红色的星球进行了种种猜测，人们幻想着火星上布满了蔚蓝色的大海、纵横交错的河流、郁郁葱葱的深蓝色的植物，甚至还有火星人等。飞往火星是人类多年的愿望，但长期以来，火星对人类来说仍是个谜，揭开火星之谜还需要人类不懈的努力。

● 美国火星探测器

火星探测结果表明，这颗红色星球虽然如今干燥、贫瘠，但远古时期很可能遍布河流与海洋。科学家相信，火星上很可能有过某种形式的生命存在。2002年，美国"奥德赛号"探测器曾在火星北纬65°以北发现了大范围冻水层存在的证据。"凤凰号"就是奔着这片冻水层而去。人类发射的火星探测器迄今均未在火星干旱的表面发现水存在的痕迹，所以"凤凰号"的一个重要目的，就是探测火星极地的地下冰是否存在融化并创造出一个湿润的"地下小环境"的可能。

美国东部时间2007年8月4日5点26分，美国"凤凰号"火星着陆探测器由一"枚德尔"塔2型火箭发射升空，开始飞往火星。于美国东部时间2008年5月25日19时53分，在火星北极成功着陆。在开展探测任务之前，"凤凰号"火星车必须先要在弥漫着尘埃物质的火星表面成功着陆，火星向来以吞噬人造探测器著称。各国共向火星发射了15个探测器，但迄今只有5个着陆成功。这颗着陆器是利用反冲火箭下降，能更加准确地降落在预定地点。这种推进降落方法也更适用于较沉重的飞船降落，"凤凰号"利用的着陆方法已经有32年没有尝试过。成功着陆后，重约合350千克的"凤凰号"在原地等候了15分钟后，展开太阳能电池板，升起气象天线杆，将周围环境的第一批照片传回地面。

"凤凰号"的设计很独特，有三条腿支撑，机械臂长5米，由铝和钛两种材料制成，工作起来像一台反铲挖土机，一铲下去能在火星上挖出6.1米深的沟，接着旋转就能将土壤样本取出。"凤凰号"能顺利完成其主要探测任务后，将变身为火星气象站，用于收集有关火星大气层的数据。

● "火星观察者"号探测器

1992年9月25日，美国用"大力神"3型火箭发射成功一颗"火星观察者号"探测器。它重2.5吨，携带7部仪器。11个月飞行7.2亿千米后，到达距火星表面378千米的近极轨道，对火星进行长达687天的观测考察，绘制整个火星表面图，预告火星气候，测量火星各种数据，进一步揭示火星上是否有处于原始阶段的生命现象，为未来人类移居火星探寻道路。但是1993年8月21日，"火星观察号"探测器突然与地面失去联系，不再发回信息。这次探测令人失望地夭折了。

根据30多年来人类对火星的探测，科学家已基本肯定火星是一个没有高级生命的世界，流传甚广的"火星人"是根本不存在的。但是火星上有没有与地球不同的其他形式的生命，或者是否曾经存在过有智慧的高级生物，则还是一个难解之题，解开这个难题还需人类不懈的努力。

● 中国第一颗火星探测器"萤火一号"

火星在中国古代被称为"荧惑"，所以中国第一颗火星探测器取其谐音，命名为"萤火一号"。火星探测是我国首次开展的地外行星空间环境探测活动。2009年10月，中国第一颗火星探测器"萤火一号"将搭乘俄罗斯运载火箭的顺风车，飞往太空。与"勇气号""机遇号"等火星探测器相比，"萤火一号"只能算一个"小个子"。但是，"萤火一号"面临的考验仍然相当严峻，尤其是释放运行轨道60天后，将遇到7次最长8.8小时的"长火影"（长期火星阴影）和火星特殊环境的考验。

2007年6月27日，中俄签署双边合作协议，两国将于2009年联合开展火星探测项目。俄罗斯航天机构计划于2009年10月实施一项名为"福布斯·格朗特"的火星及火星采样返回探测计划，进行对火星的环绕探测和火星的着陆探测，采集0.1~0.2千克火星土壤样品返回地球。俄方邀请中方参与该计划，提议与"福布斯·格朗特"着陆探测器共同发射一颗中国研制的火星探测器，开展中国与俄罗斯联合火星探测计划。届时，"一箭双星"将在距地面200千米的远轨道飞行4小时，然后飞到距地面10000千米的过渡椭圆轨道做26小时的无动力飞行。之后，伴随着火箭主发动机的再次启动，"萤火一号"彻底告别地球，进入从地球到火星的双曲线轨道，和"福布斯"同甘共苦地共同飞行11个月。在联合飞行的过程中，两颗卫星通过电缆连接在一起，"萤火一号"的能量由"福布斯"供给。到2010年8月之后，两颗卫星正式分道扬镳，"福布斯"将转途去探测火星。"萤火一号"则进入绕火星的椭圆形轨道，在"近火点"（距离火星最近的点）800千米、"远火点"（距离火星最远的点）80000千米、轨道倾角正负5°的火星大椭圆轨道上，展开太阳帆板，正式开始履行它的火星探测使命。

"勇气号"的故事

2009年1月3日是美国"勇气号"火星车登陆火星5周年的日子。设计工作寿命仅3个月的"勇气号"历经磨难，挺过了生死考验，为火星探测做出了重要贡献。

● "勇气号"概况

2003年6月10日，"勇气号"发射成功；2004年美国东部时间1月3日登上火星。"勇气号"的成功，标志着人类发射星际探测器的自动化程度提升到了前所未有的水平。"勇气号"有自己的大脑、颈、头、眼睛、手臂，甚至还掌握着与人类地质学家所用工具类似的放大镜和锤子。"勇气号"长1.6米、宽2.3米、高1.5米，重174千克。它的"大脑"是一台每秒能执行约2000万条指令的计算机，不过它与人类大脑位置不同，在火星车身体内部。所谓"颈"和"头"是火星车上伸出的一个桅杆式结构，距火星车轮子底部高度约为1.4米，上面装有一对可拍摄火星表面彩色照片的全景照相机作为"眼睛"。两台相机高度与人眼高度差不多，有了它们，火星车能像站在火星表面的人一样环视四周。当"勇气"号发现值得探测的目标，它会以6个轮子当腿，运动至目标面前,然后伸"手"进行考察。火星车的"手臂"具有与人肩、肘和腕关节类似的结构,能够灵活地伸展、弯曲和转动,上面带有多种工具。

● "勇气号"的贡献

2004年1月10日,"勇气号"首次测量了火星上的温度。1月20日,"勇气号"首次对火星土壤进行了取样分析,获得了一批宝贵数据,并意外发现了此前没有料到的化学物质。科学家惊讶地发现,火星土壤里含有一种名叫橄榄石的化学物质,其形成通常与火山爆发有关。此外,科学家还在"勇气号"传回的土壤数据中发现了其他一些熟悉的化学元素,如铁、硫、氯、氩、镍和锌,其中镍和锌属首次发现。2月7日,"勇气号"成功地在一块玄武岩类岩石上钻出一个小洞,以分析火星过去的地质构造。这是人类火星探测史上的首次岩石钻孔。接下来,它利用显微成像仪拍摄了岩石的显微照片。2月10日,"勇气号"在火星表面行走了21.2米,打破了"旅居者"1997年创下的单日行走7米的纪录。2月15日,"勇气号"还利用机械臂勘查了一块与众不同的岩石。科学家把这块石头昵称为"米米"。它很可能蕴藏着丰富的火星地质史线索;2月21日,勇气号将机械臂伸到火星表面的一道浅沟里,寻找那里曾经有水的线索。3月5日,"勇气号"第一次找到火星上曾有水存在的证据。3月11日,"勇气号"从火星上拍摄到了地球的照片。这是人类首次获得从其他行星表面拍摄到的地球照片。4月1日,科学家又宣布,"勇气号"在其着陆区发现了火星上过去可能有水的新证据。

"勇气号"在2004年6月来到"赫斯本德山"山脚下,然后用14个月完成了登顶。2005年9月1日正在火星"赫斯本德山"峰顶的"勇气号"火星车,向地面传回了它从山上拍摄的火星沙漠全景照片。项目科学家说,这些壮观的照片将成为分析火星沧海桑田历史的重要线索。在"勇气号"拍摄的照片上,火星沙漠与地球沙漠极其相似,大片黄色的沙地上露出一些黑褐色的石头,而火星车所在的"赫斯本德山"峰顶,似乎是一片风化台地,布满了碎石、沙堆和暴露岩层。

● "勇气号"遇到的困难

2007年12月14日火星上发生大规模的沙尘暴,消耗了"勇气号"

的大部分能量。"勇气号"在12月25日之前赶到一个较低高原阳光充足的斜坡上，接着它把太阳能电池板朝向太阳并停在那里，准备度过漫长的冬季。到2009年4月14日为止，"勇气号"上的电脑至少已经重启过两次，目前重启原因不明。

"勇气号"火星车的项目经理约翰·卡拉斯表示，出现电脑重启故障时，这个火星车正处于稳定操作状态——自动操作模式，而且这种状态会继续保持一段时间。火星车的电池已经充满电，太阳能电池板正在产生能量，它的温度也处于正常范围。2009年5月12"勇气号"被困在一处松软的土壤中，喷气推进实验室的一个团队对问题进行了分析，计划在地球上利用试验探测器进行模拟，以帮助"勇气号"走出困境。美国宇航局的工程师和科学家担心，"勇气号"底盘很快就会接触到火星地表的岩石，这可能使得"勇气号"摆脱困境难上加难。美国宇航局工程师已经暂停向"勇气号"发送移动命令，"勇气号"再次恢复工作可能需要一段时间。"勇气号"探测器共有六轮驱动，但其中一个3年前就停止了工作。

"机遇号"的故事

"机遇号"（Opportunity，MER-B）是美国宇航局的2003年火星探测计划的一个组成部分。这项计划的主要目的是将"勇气号"和"机遇号"两辆火星车送往火星，对火星这颗红色行星进行实地考察。随着2003年6月"勇气号"的成功发射升空，7月7日美国"勇气号"的孪生兄弟"机遇号"火星车也发射成功。科学家打算借助这辆火星车寻找火星上的足迹。"机遇号"在企图横越一个波浪形沙丘时，陷入沙堆动弹不得，工程人员花了数周时间，以"机遇号"的模型车帮助其找出了脱窘办法。2007年9月11日，"机遇号"火星车成功进入维多利亚坑。

● 海边漫步

"机遇号"在火星上的最大发现，就是它发现火星上曾经比现在温暖和湿润得多，曾经存在过含有盐分的液态海洋。这也是2004年最大的科学突破，"机遇号"在岩石中及岩石周围发现了直径为数厘米的球状物体，它们的化学组成与岩石不同，应该是由液态水中的物质凝固而成的；"机遇号"的照片中显示，岩石上有一些扁平的小洞，这些小洞应该是结晶体在水中分解后遗留下来的；"机遇号"的光谱仪在岩石内部探测到了大量的硫磺，这些硫磺有可能来自水环境中形成的硫酸盐；"机遇号"的另一架光谱仪找到了黄钾铁矾，这是一种通常在水中形成的罕见物质。科学家认为维多利亚坑内沉积岩的面貌是远古风化作用造成的，后来又因地下水冲刷而有所改变。

● 成功探测

2006年6月16日从火星探测器"机遇号"上拍摄并经过人工着色的照片，显示的是火星表面维多利亚坑口的一部分。美国宇航局决定让"机遇号"进入维多利亚坑探秘，"机遇号"在美国子午线成功登陆以来，便将维多利亚陨坑作为其火星任务的重点对象。"机遇号"火星车最初设计的工作期限仅为90个火星日，但由于它和孪生火星车"勇气号"表现出色，喷气推进实验室多次延长它们的服役期限。2006年10月15日，喷气推进实验室宣布，第五次延长两辆火星车的服役期。"机遇号"一步步接近维多利亚陨坑，期间曾多次停下来研究路线并成功从一个沙坑中逃脱。"机遇号"第一次来到维多利亚坑边缘，在近一年时间里，它对边缘周围进行了探测，以寻找最佳进坑路线。同时研究一系列凸起部位的岩层——凸起是维多利亚陨坑边缘地区的一大特征。现在，"机遇号"已经完成对维多利亚坑的探测并返回子午线平地。工作小组计划在未来几个月内利用"机遇号"机械臂上的工具对一系列鹅卵石或者更大的岩石进行检验，这些岩石可能是造成陨坑的撞击发生时被抛出的，而撞击形成的陨坑是"机遇号"无法到达的地区。

探测器对火星这个环境恶劣的古老星球做了一些重要的勘探。迄今为止，这个探测器仍有余力继续执行下一步的计划任务。以后人们回首这一时代的火星探测时，可能会认为"勇气号"和"机遇号"火星车是最重要的，这不仅仅是因为它们对火星探测所做的贡献，更是因为他们实现了人类在另一星球上的首次陆地勘探。

水中展奇能

载人潜水机器人

海洋作为人类的蓝色国土，关系到人类的生存和发展。从20世纪下半叶起，水下机器人经历了从诞生、发展、到开始走向应用的历程。21世纪，伴随着人类认识海洋、开发利用海洋资源和保护海洋的进程，水下机器人这一高新技术将进一步发展并更加完善，21世纪将是水下机器人广泛应用的世纪。

当工程师和科学家一起制造了新的潜水探测工具，我们与深海接近就变得更容易实现了。在20世纪70年代，有一些小型的潜水艇可以将人带向深海。包括美国、俄罗斯、日本和法国在内的很多国家都制造了载人潜水器用于科学研究。

● 水下机器人历史回顾

水下机器人也称潜水器，准确地说，它不是人们通常想象的具有人形的机器，而是一种可以在水下代替人完成某种任务的装置，其外形更像一艘潜艇。

水下机器人的种类很多，其中载人潜水器、有缆遥控水下机器人（ROV）、无缆水下机器人（AUV）是三类最主要的潜水器。最早出现的潜水器是载人潜水器，这是人们在设计潜水球和潜艇微型化的基础上研制出来的，主要是替代潜水员在深海中进行潜水作业，可进行海洋考察、打捞、水下作业和救生。下潜深度为几百米到一万米。世界上第一台载人潜水器叫ArgonauttheFirst，是由西蒙·莱克于1890年制造的。

● "阿尔文号"深海潜艇

"阿尔文号"深海潜艇是目前世界上最著名的深海考察工具，服务于伍兹霍尔海洋研究所（WHOI）。它是20世纪60年代初根据美国明尼苏达州通用食品公司的一位机械师哈罗德的设计而建造的。被大多数人称作"历史上最成功的潜艇"。"阿尔文号"潜艇是世界上第一艘可以载人的深海潜艇，通常可以搭载一名驾驶员和两名观察员。它的首次无缆绳自由下潜深度为11米。现在经过无数次改进和重建，"阿尔文号"最深下潜深度可达4500米。建造"阿尔文号"的船体的材料为金属钛，正常情况下它能在水下停留10小时，不过它的生命保障系统可以允许潜艇和其中的工作人员在水下生活72小时。它可以在崎岖不平的海底自由行驶，并可以在中层水域执行科研任务，拍摄静止的视频图像。

"阿尔文号"小潜艇体重为17000千克，长度为7.2米，高为3.38米，宽2.62米，航行半径为9.67千米，航速可达到1节/小时，最高航速为2节/小时，由五个水力推进器驱动，潜艇中安装一个由铅酸电池提供电能的供电系统。研究人员在"阿尔文号"潜艇中可进行生物、化学、地球化学和地质以及地球物理学等方面的研究。服役40多年来，"阿尔文号"潜艇已经执行4000多次洋底探测计划，运送12000多名乘客到达深海，并取回超过680千克的样品。"阿尔文号"的职业生涯中，包括在海中寻找"失踪"的核弹、探索深海热液喷口处的奇特生命体等重大使命。

● 深水飞行系列载人潜水器

深水飞行挑战者有一双"翅膀"。潜艇的常规操作，就如同气球在水柱中上升、下沉那样。深水飞行系列潜水器装备的"翅膀"，采用的原理和在空中飞行的一样，这不仅能让我们更好地利用海洋立体空间，还有利于远程探险。深水飞行挑战者是为冒险家斯蒂夫·福塞特建造的，他希望能它能创下新的纪录：独自驾驶这个潜水器，前往大洋最深处——马里亚纳海沟。马里亚纳海沟最深处达11000米，是世界的最深点。遗憾的是，2007年，福塞特因飞机失事死亡，距离深水飞行挑战者的第一次试用，仅有几个星期。

水下扫雷机器人

水雷是水中的一种爆炸性武器，它是由船舰碰撞而引起的。为了能排除水雷而又避免扫雷人员的伤亡，一些发达国家都依靠"遥控潜水器"扫雷。这种潜水器被人们称为水下扫雷机器人。目前扫雷用潜水器的潜水深度一般为几米到500米左右。

正像在地面上一样，海上扫雷也是一项既困难又危险的工作。要扫雷先要发现水雷，水雷的种类繁多，有漂雷、锚雷、沉底雷、上浮雷、自掩埋水雷、拖带水雷及遥控水雷等。从引爆方式又可分为触发水雷及非触发水雷，后者可分为磁性水雷、音响水雷和水压水雷等。利用不同的水雷封锁航道，不仅在战争期间是对海军的巨大威胁，而且战后清理它们也是个令人头痛的事情。现在海军主要依靠扫雷舰上的声呐，但是它的效果并不理想，而要发现沉底雷及埋在泥沙中的水雷就更加困难。扫雷则非常危险，在作战情况下就更加危险，因为除了水雷外，扫雷舰随时可能受到敌机、岸炮和导弹的袭击。机器人排雷机的发明及使用解决了人们上述的困扰。

● 水下机器蟹

为了对付岸边的水雷，美国罗克威尔公司研制了一种名叫"水下自主行走装置"的机器蟹，这种机器蟹可以隐藏在海浪下面，在水中行走，迅速通过岸边的浪区。当风浪太大时，它可以将脚埋入泥沙中，通过振动，甚至可将整个身子都隐藏在泥沙中。该装置长约56厘米，重10.4千克，包括一个3.17千克重的压载物。为了携带传感器，它的脚比较大，便于发现目标。当它遇到水雷时，就把它抓住，然后等待近海登陆艇上的控制中心的命令。一旦收到信号，这个小东西就会自己爆炸，同时引爆水雷，从而提高扫雷的效率。

● 扫雷好帮手

采用机器人扫雷比较安全，但是它的速度慢，扫雷时间长，所使用的扫雷装药也不太理想。为了缩短扫雷时间提高扫雷的可靠性，人们研制出一种一次性使用的扫雷武器——微型鱼雷。它不需要用潜水器运往目标，而是由扫雷舰把它直接放到水中，然后它自动导向目标，利用自身的传感器确认并对水雷定位，引爆后摧毁水雷。微型鱼雷既小又轻，维护方便，价格低廉。因为它采用的是空心装药，很容易穿透水雷的外壳，因而对置放精度要求不高，特别适合于引爆装有抗震炸药的水雷。

- 新型扫雷机器人

美国研制的遥控潜水器，它既可扫除锚雷也可扫除沉底雷。这种遥控水下机器人，潜深400米，它的缆绳长2000米，航速由4节提高到7节，蓄电池的容量也很大。

瑞典博福斯公司研制的"双鹰"ROV已被瑞典、丹麦及澳大利亚海军选用。"双鹰"载重80千克，速度6节，可在水下500米深处作业。它装有360°全姿态控制系统，使潜水器可在6个自由度上运动，稳定性很好。

挪威海军的"水雷狙击手"的工作原理类似微型鱼雷，它采用锥孔装药，虽然体积与北约的标准装药相同，但装药量少得多，重量又轻，在舰上搬运非常安全。它特别适合由小型舰只投放，可有效地对付沉底雷和锚雷。但它的航速慢，机动性差，置放炸药的时间长，限制了母舰的行动自由，不能由潜艇发射。但它有更大的应用潜力，由于自带电源，无缆潜水器的自治能力强，航程长，机动性好。可在水面舰只达到某一战区之前由潜艇发射它，对该水域的水雷进行侦察。

水下潜艇机器人

海底是人类将要探寻的最大秘密所在，不断更新的深海潜水器将为我们的探测及开发带来更大的贡献。

- 水下"袋鼠"

这是一种可利用潜水艇鱼雷发射管发射的无人潜艇，人称水下"袋鼠"。它不仅可以用于清除鱼雷，而且还可以用于水中和水上情报收集。例如，可以从潜水艇的鱼雷发射管发射的无人潜艇，呈鱼雷状，从母舰上用光缆进行控制。该艇完成任务后，还可以通过使用母舰（潜水艇）右舷鱼雷发射管内的机器人手臂进行回收。水下"海马"

美国军方目前新研制的"海马"微型无人驾驶潜艇机器人。由宾夕法尼亚大学的科学家们研制，其最初是作为美国海军海洋局的一种科学考察设备。海洋学家们计划利用"海马"来研究海底地貌和绘制海图。

"海马"微型潜艇采用了模块化设计,能在最短的时间内根据不同的任务选用不同的组件。"海马"微型潜艇的活动半径为480千米,其装备的蓄电池足够维持72小时的运行。"海马"微型潜艇的外形非常像一个鱼雷,其长度为8.5米,直径约1米,无法通过普通的鱼雷发射管进行发射。

● 智能"神兵"

未来的新一代无人潜艇将以智能化、自主性为主要特征。它们可以借助高科技完全自主地工作,不仅具有现在的无人潜艇的扫雷功能,而且还可以收集水中和水面上的所有情报,甚至能够使用武器来自主攻击。根据需要,这种无人潜艇可以搭载各种各样的设备,从而发挥多种多样的功能。如在作战行动的初期阶段,它可在海面上监听敌人的通信情报,同时,可以在危险海域进行光学和电子侦察;在与强敌相遇时,它能够投入反潜战,使用先进武器攻击目标,与母舰配合作战。

水下自治机器人

水下自治机器人又称水下自动机器人或无缆水下机器人。这类水下机器人的活动不受电缆约束,其活动范围很大,可达上千千米。其次这种水下机器人的成本要低于其他两类水下机器人。因此无论从军事还是民用的角度看,水下自治机器人都有巨大的潜在应用前景。正是这个原因,水下自治机器人的研究与开发受到世界各国的高度重视,并且成为国际海洋工程界的一个研究热点。

水下自治机器人与载人潜水器相比较,具有安全(无人)、结构简单、重量轻、尺寸小、造价低等优点。而与遥控水下机器人相比,它具有活动范围大、潜水深、不怕电缆缠绕、可进入复杂结构中、不需要庞大水面支持、占用甲板面积小和成本低等优点。它是一种非常适合于海底搜索、调查、识别和打捞作业的既经济又安全的工具。

● "探索者"号无缆水下机器人

"探索者"号自治水下机器人,是我国自行研制的一台预编程型自治水下机器人原理样机,潜深1000米,最大速度为3.2节,具有搜索海底目标和接近目标进行详细调查的能力,该机采用国产充油铅酸电池为动力,安装了七部声呐(多普勒测速声呐、成像声呐、短基线定位声呐、超短基线定位声呐、可传送视频信号的通讯声呐防碰声呐和测扫声呐。该项目在控制系统、载体系统、水面支持系统中均采用了许多新技术,是后来研制6000米自治水下机器人的技术基础。

● CR-01 6000米自治水下机器人

中国863计划支持的重大高科技项目CR-01 6000米自治水下机器人,由中俄联合研制。该机器人经过3年时间的研制,后又经过一年的工程化改进,成为一台可靠性较高的实用样机。1995年8月,CR-01 6000米无缆自治水下机器人研制成功,使中国机器人的总体技术水平跻身于世界先进行列,成为世界上拥有潜深6000米自治水下机器人的少数国家之一。

CR-01无缆自治水下机器人的体长4.374米,宽0.8米,高0.93米,最大潜深6000米,最大水下航速2节,续航能力10小时,定位精度10米~15米,是一套能按预定航线航行的无人无缆水下机器人系统。可以进行6000米水下摄像、拍照、海底地势与剖面测量、水文物理测量和海底多金属结核丰度测量,并能自动记录各种数据及其相应的坐标位置。

● 美国研究自治水下机器人的进展

20世纪50年代末期,美国华盛顿大学开始建造第一艘无缆水下机器人——"SPURV",这艘水下自治机器人主要用于水文调查。从60年代中期起,人们开始对无缆水下机器人产生兴趣。但是,由于技术上的原因,致使水下自治机器人的发展徘徊多年。随着电子、计算机等新技术的飞速发展及海洋工程和军事方面的需要,水下自治机器人再次引起国外产业界和军方的关注。进入20世纪90年代,水下自治机器人技术开始逐步走向成熟。

美国海军研制的"AUSS"水中自治航行器全长5.2米,直径32厘米,重量为1.27吨,比鱼雷要短,但要粗一些。"AUSS"通过超声波和水中声波通信与母舰（水上舰艇）进行数据交换。水下自治机器人通过水中声音通信将压缩过的搜索数据以4800BPS的速度传输到母舰上，同时母舰以1200BPS的速度将指令信号传输给水下自治机器人。

水下自治机器人代表了未来水下机器人的研究方向。当前在各类水下机器人研究中，水下自治机器人是一个热点，我们可以通过大量的国际会议了解到当前国际上水下机器人研究正朝着更深（深海）、更远（远程）、功能更强大（作业型及智能化方向）的方向发展。

水下载人机器人

水下机器人在勘探深海资源、进行极地科考等方面发挥着重大作用。2008年，中国在第三次北极科学考察中首次使用水下机器人在高纬度下开展冰下试验应用，掌握了海冰厚度、冰底形态等大量第一手科研资料。

● 700米水下载人潜水器

2007年5月29日，俄罗斯两台载人水下机器人完成了俄罗斯历史上首次北极高纬度海域深潜试验。发现北极的海底世界并不寂静，鱼类等海洋生物活动频繁。在深海潜水方面，我国科学家也做出了大量努力。中国船舶重工集团公司702研究所成功研制了一种长8米、高3.4米、宽3米的潜水机器人，是用特殊的钛合金材料制成，在潜水机器人的前端，是一个密闭的玻璃，潜水科学家可以通过这里看到外面的世界。潜水机器人能容纳三个人，在7000米的深海能承受710吨的重量。它是世界上潜水工作深度最深的载人潜水器，可到达世界99.8%的洋底。

这艘潜水器外观近似一颗胶囊药丸，能容纳一名操作员和两名科学家。

钛合金载人球壳是深潜器最特殊最重要的部分，位于深潜器最前方可乘坐3人的钛合金载人球壳能承载700个大气压的压力，实现了与航天机器人相同的生命支持系统。该深潜器的浮力材料采用一种玻璃微珠聚合物，使其具有针对作业目标稳定的悬浮定位能力，并实现了完全依靠自身重量的无动力下潜、上浮。它有两个配重块和一个压水舱。当需要下潜时，压水舱注水，开始下潜；当需要在水中悬停时，它抛出一个配重块；当需要上浮时，它抛出第2个配重块，同时向压水舱加入空气，排出海水，就可以上浮。中间如果启动动力装置，潜水器便可以开始工作。这种设计是为了尽量节省蓄电池的能量，潜水器从海面下潜至7000米深度约需5小时，7000米潜水器在水下的工作时间长达12个小时。这种潜水器将主要用于深海资源勘探、热液硫化物考察、深海生物基因考察、深海地质调查等领域。我国的7000米深潜器具有独一无二的针对作业目标稳定的水中悬停定位能力，而其他深潜器在作业时都需要找一个固定的支点才能开始工作，这无疑是世界深潜器领域的一大技术进步。

● 不断创新

当前，民用大深度无缆潜水器尚处于研究、试用阶段，还有一些关键技术问题有待解决。如果要保证使其潜海活动范围在250～5000千米的半径内，就要解决能保证长时间工作的动力源问题，国外正在探索使用燃料电池、小核反应堆等；关于控制和信息处理系统，需采用图像识别、人工智能技术、大容量的知识库系统，以及提高信息处理能力和精密的导航定位的随感能力等，需要在大深度声音图像传输技术等方面有所突破。长远的趋势是向远程化、智能化发展。

水下机器人是多种现代高技术及其系统集成的产物，对于全球海洋经济、海洋产业、海洋开发和海洋高科技具有特殊的重要意义。我国政府已把海洋开发作为21世纪国民经济与发展战略的重点之一。

水下考古机器人

2001年，中国历史上第一次水下考古全面展开，位于我国云南省素有"千古之谜"之称的抚仙湖引起了社会各界的广泛关注。

● 抚仙湖探秘

抚仙湖中有两三千年前沉入湖底的古滇聚落群，这是中国首次实施水下古代建筑遗迹的考古调查，调查使用中科院沈阳自动化研究所的两套水下机器人协助进行。一套是"金鱼"系列的一台轻小型机器人,另一套是"CR-02"6000米自治水下机器人。这也是水下机器人研究室第一次参与水下考古。之所以要用考古机器人是因为抚仙湖的建筑遗迹在水下70米左右,而水下潜水员的一般潜水深度只有水下60米,达不到考古的目的。而且潜水员在水下60米作业时,必须携带氧气瓶。如果在水下70米则需使用氦氧,不仅费用大,而且会损害潜水员的身体。

不仅如此,潜水员还需要在水下进行照相、录像,但他们不能把信号同期传送到水面上。而水下机器人克服了这样的难题,通过电缆的连接,可以同步把水下状况实实在在地传输给水面上的监视器。

● "金鱼"机器人

参与考古调查的"金鱼"系列水下机器人,是目前国内最轻、最小型的水下机器人,整个设备重100千克左右,本体部分仅重35千克,两个人可以轻松地抬起,能深入水下100米处。因为该机器人的观察范围小,所以要借助CR-02自治水下机器人的配合,才能更好地完成考古工作。"金鱼"机器人身长1.21米,可以以每小时4千米的游速在水下工作2~3小时,并能及时将水下拍摄的图像通过无线传输系统发送至水面指挥部,为考古人员研究挖掘提供可靠依据。

"金鱼"机器人在水下时可以被安置在任何类型的工作母船或汽车上,也能在坝上、岸边展开操作,而不需要吊放设备的支持,并且可以在复杂的环境或狭小的空间进行观察,这是大型水下机器人所不及的。虽然它没有机械手、也没有探测功能,但它能在水下自由运动,能前后左右上下都观察到。

● "CR-02"6000米自治水机器人

"CR-02"机器人从外表看像"鱼雷",长4米,直径为800毫米。"CR-02"紧贴抚仙湖湖底运作,全面负责远距离考察抚仙湖附近水域的地貌。目前世界上只有五个国家的水下机器人能深入水下6000米。在水下考古行动中,两台水下机器人可以相辅相成,近距离、远距离协同作战,并大显身手。在中国首次实施水下古代建筑遗迹考古调查行动中,水下机器人就已经成了考古队的精兵强将。

水下修复机器人

海底的情况非常复杂，它既不同于大陆，也不同于太空，因此，也给机器人的研究带来很多困难。海水是导电体，能使无线电波迅速衰减，甚至无法传播。光波在水中散射，会被消耗和吸收，使传播距离缩短，这必然给红外照相、遥感和远距离摄像带来很多的困难。此外，水下机器人还必须能在水底自由行走，还要摆脱系绳电缆带来的麻烦和羁绊。

● "小精灵"微型水下机器人

"小精灵"微型水下机器人体积虽小，却拥有广泛的用途和强大的功能。它拥有水下设备应有的所有必要功能。这种性价比极高的机器人可以帮助任何一个海洋爱好者和探险者及大部分的海洋及水下研究工作者进行工作。很多的潜水爱好者也使用它来保护自己。它还可以进行水电站坝体、桥墩检测，可以从事海洋渔业、捕捞、海洋研究，能对造船、港口、船体和螺旋推进器进行检修工作。该机器人下潜深度50米，行进速度2节，有三个磁力耦合推进器，直径只有3毫米的超细牵引电缆最长可达75米，具有高级摄像头和精确度极高的深度传感器，可以根据水下情况选择自动下潜模式，还配有高亮度的冷光照明灯。其遥感勘测技术可记录数据并同步显示在视频图像上。

● 远程无人机器人

ROVH300远程操控水下机器人，主要应用在海底工程、海底管线电缆铺设和检修、大体积的水下设施勘察、水下地质勘探研究取样、海上巡查救援、码头泊船和船底的检测、油船的安全检测、军事航船的检测、协助海上石油平台钻孔、水下考古探测等多个领域。该机器人是水下工程设施检测和修复的重要常规装备，它连接有控制系统与摄像装置。它具有紧凑小巧的体积、强劲的马力，并装有高安全装置和高性能检测系统，可以轻松地在水下做检修工作。

"蝙蝠侠"船体检修机器人

"蝙蝠侠"船体检修水下坦克式机器人被专门用于船体检修和船底、船壁的贴壁爬行检测。"蝙蝠侠"机器人是一款拥有强劲动力的混合型坦克式爬行器，配有6个推进器。在自由飞行运动模式下可接近目标物，完全地倾斜或旋转到一侧，并紧贴在任何垂直或倾斜的表面，然后可在爬行模式下沿表面移动，并进行近距离的检测。其机身采用最小拖拽式设计，可确保爬行器在任何条件下都能最优化地与目标物表面接触。

由于生产和生活的需要，我们不断地开发和研究海洋资源。但海底的开发存在很多危险和困难，所以研究和探索水下机器人是很有必要的。根据我们的需要，各种各样的机器人也会很快诞生并为人类服务。

水下探险机器人

远古时代，人们就泛舟于海上。从19世纪起，人们已经开始利用各种手段对海洋进行探察。20世纪，水下机器人技术作为人类探索海洋的重要手段，受到了人们普遍的关注。进入21世纪，海洋作为人类尚未开发的处女地，已成为国际上战略竞争的焦点，因而也成为高技术研究的重要领域。毫不夸张地说，21世纪是人类进军海洋的世纪。人类关注海洋，是因为陆上的资源有限，而海洋中却蕴藏着丰富的矿产资源、生物资源和能源。

● 早期的水下探险

随着计算机技术的发展，美国、俄罗斯、日本等国先后研制出无人潜水器，即水下机器人，它比载人潜水器更小，也更灵活。早在20世纪50年代，美国人就想把人的视觉延伸到神秘的海底世界，他们把摄像机密封起来送到了海底，这便是潜水器的雏形。1960年美国研制成功了世界上第一台有缆遥控水下机器人。它与载人潜水器配合，在西班牙外海找到了一颗失落在海底的氢弹，由此引起了极大的轰动，从此潜水器的技术开始引起人们重视。另外，当时发生的石油短缺使得油价提高，刺激着近海石油开采业的发展，同时也促进了潜水器的迅猛发展。到了20世纪70年代，潜水器作为产业已开始形成。潜水器在海洋研究、近海油气开发、矿物资源调查取样、打捞和军事等方面都获得了广泛的应用，是目前使用广泛、经济而且实用的一类设备。

● 深海探测器

1993年美国研制成功一种自治式深海探测器，是由一艘水面工作船引导下潜到调查区的探测器。它在运行过程中通过声讯系统从水面接收改变航向、深度，收集数据等简单指令而进行调查观测，是可进行深海搜索、观测、识别、取样、打捞等一系列作业的又经济又安全的"机器人"。它可根据事先制定的周期性工作计划，对调查区内一系列预先指定的地点走航，摄取视频图像或做其他项目测量。自治式深海探测器具有多项调查功能，但主要是监控海底热溢出口的地质与生物变化，通常是在下伏岩浆驱动产生热液循环的海底扩张区进行测量。深部岩浆持续或间歇地排泄出海底，但人们对溢出口随时间的变化状况仍知之甚少。看来，持续排出和周期性排出大量的水可能在海洋热平衡中起较重要的作用。自治式深海探测器的外形不像其他的潜水器那样大多数都设计成鱼雷状，它易于自动控制并有一个好的探测传感器平台，特别是声呐系统。与其他装置相比，它走航缓慢，每秒走航约50厘米，其以慢速与稳定性能保证调查航程。

● 水下探险机器人的意义

从历史来看，每当一个新的潜水器问世，就会有一些新的发现。"深海6500号"就曾在造成1933年大地震3000余人死亡的三陆冲地震的震源处，发现了地震的痕迹和大裂缝。美国的载人潜水器"阿尔文号"，在东太平洋的加拉帕戈斯群岛附近的海底，首次见到海底冒出黑色烟雾。

20世纪80年代以来，世界海洋矿产资源——石油与天然气、天然气水合物、大洋多金属结核（壳）和热液硫化物矿床等不断有新的发现。海洋是全球生命支持系统的一个基本组成部分，也是一种有助于实现可持续发展的宝贵财富。占地球表面70%以上的海洋洋底是人类寄予希望的最后领地，更新的深潜器将为它的探测及开发做出更大的贡献。

水下救援机器人

水下救援机器人是为救援而采取先进科学技术研制的机器人。水下救援机器人作为一种高种技产品，在海底这块人类未来最现实的可发展空间中起着至关重要的作用，发展水下救援机器人的意义是显而易见的。

● 水下视频机器人

水下视频机器人由机械手、水下摄像头、监视器、遥控器、蓄电池等部分组成。该机器人耐腐蚀，可深入水下30米处实施打捞工作，可抓起100千克物体，最大夹物宽度26厘米，它的强磁打捞头可以吸引20千克的铁制物体。它主要被用于海事打捞、公安、特警、消防等部门，搜寻打捞水中遇难者、物证、沉船等。工作时只要将机器人沉入水中，通过水下监视器观测水中情况，再遥控控制机械手实施打捞。

● "天蝎"45水下救援机器人

2006年8月7日，本来少有人知的英国"天蝎"45一下名震全球。"天蝎"45是一种无人水下潜航器、一种遥控深海救援系统。它在抢救俄罗斯海军AS-28小型潜艇的行动中，仅花4小时，就成功解救出被困在海底达三日之久的7名艇员。"天蝎"45无疑成了国际深海大救援佳话的主角。"天蝎"45自身负重可达100千克（不计海水浮力），另外两只机械臂最大伸展时每只可举起相当于110千克的重物。

"天蝎"45配有3台有高清晰变焦镜头的遥控水下摄像机和1台27千赫声波发射/接收器，装有声呐系统及精确导航系统。由于设备本身不必考虑人的需要及昂贵的生命保障设施，因而其体积小、造价低，可执行一些危及人员安全的任务。"天蝎"45遥控深潜器不仅能实施海底救助，而且能执行海底测绘、布设反潜监听装置或排除敌人的水雷等任务。如果需要，"天蝎"45在12小时之内，便可由飞机运往世界任何地方。

● "LR7"深潜救生艇

LR7全长约7.6米，可在300米深度潜航12小时以上。艇内设有横向连接的3个球形舱室，前舱为驾驶室，中舱和后舱用于救生。执行任务时，首先通过艇首的球形透明罩确定失事潜艇方位，然后借助艇体下方的裙罩与后者对接，失事艇上人员即可被安全转移至救生艇内。根据设计指标，LR7可在恶劣海况下对各种型号的核潜艇及常规潜艇实施救援，每次最多能搭载18名遇险者。

LR7拥有同类产品中顶级的性能，它是在中国海军的紧密配合下研发成功的。LR系列深潜救生艇除装备英国海军外，也曾出口到法国、韩国等其他国家。这次，它之所以能绕开欧盟军售禁令进军中国市场，主要原因在于该艇具备军民两用的性质。

水面行走机器人

每年因意外，在江河湖海遇险翻船或因自然灾害以及游泳遇溺的人不计其数，因前往救助速度太慢，方法落后而无法施救，导致遇溺者死亡。抢救遇溺人士，关键是要快，时间就是生命。通常依靠会游泳的人游泳去拯救，速度不会太快，且体力消耗大，游到也无力抢救遇溺者，碰到多个落水者更无法救助。根据需要制造出一个机器人，使它能拖带一个75千克重的人以1.5米/秒的速度前进，快速抵达落水人的身边，施以救助，达到最大限度救人的目的。它应足够坚固能抵抗风浪，还可以夜间搜索救助，体积应适中，让一般人可以扛得动，可以配置在一般的船上作为必要的救生工具。

● "水上飞"的秘密

哈尔滨工业大学研制出一种新型超级浮力材料。可以用于制造具有重要潜在应用前景的水上交通工具，如水上机器人、微型环境监测器等。人们都知道水黾等小昆虫可以在水面自由行走而不溺水，其原因在于水黾腿部有一种被称为微纳米的特殊结构。这种结构使水黾腿部周围被一层空气垫环绕，防止其腿部被水打湿，从而保证了水黾具有"水上飞"的能力。水黾腿部这种不被水打湿的特性被称作"超疏水"性质。船表面的超疏水结构可在船体表面形成空气垫，改变了船与水的接触状态，可防止船体表面被水直接打湿。超疏水结构能大幅度降低材料在水中甚至空气中的运动阻力，如果这项技术成功应用于水上、水下、天上的交通工具，可以有效提高交通工具的速度，节省能源。

● 水上蜘蛛

美国科学家发明了一架微型机器人，不仅状似蜘蛛，而且还能像蜘蛛一样在水面上行走。这架能在水面上行走的机器人足以称得上是一个机械奇迹。这虽然只是一个机器人原型，但一些研究学者认为这种水上机器人可能有许多潜在用途。比如，装配上化学传感器，它可以监控水资源中的有毒物质；装配上照相机，它可以成为间谍或者探险器；装配上网丝或者机械手，它可以清除掉水面上的污染物。这架机器人是"站"在水面上，而不是漂浮在水面上的，它可以向前走也可以向后走，使用它的两条"腿"实现自我驱动，就好像两只桨一样地划行。该机器人有一个主身躯，是由边长只有半英寸（约0.0127米）的四方盒状碳化纤维制成，还有8条2英寸（约0.0508米）长的钢丝腿，钢丝外层涂有防水塑胶。从外表看，整架机器人类似水蜘蛛。但它没有头脑，没有传感器，也没有电池，它的"肌肉"就是三片平板金属压电制动器，利用电线把压电制动器与外接电源连在一起，当电流通过时，这些金属片就会发生弯曲。由于机器人体积太小便给它添加了染料和微粒物质，并利用一架高速摄像机进行细致观察，最终发现水上机器人通过推动水面来实现自身移动，这个推动力足以在水面上形成轻微的波动，但并不足以使水表面破裂，这样一来，水就会像弹簧一样恢复原状并将机器人推向前进，从而形成驱动力。

这些小型的机器人可以称得上是"水上漂"。在水面上演"凌波微步"的水上机器人可能一辈子也不会在陆地上留下它们的足迹，但是无论是在湖泊、池塘还是海洋，它们可谓真正做到了"任我行"三个字。这种小型机器人可能被用于环境监控，方式是通过无线通信。此外，它们也可以被用于教育和娱乐目的。

海洋的诱惑

机器人潜水器可以通过远程操作控制，并通过链子与水面上的船连接，在船上，操作员将控制机器人潜水艇的行动。这种潜水艇也常常携带各种感应器和照相机捕获信息，并将数据和图像传送至水面上的船只。机器人潜水艇可以在水里停留几周，甚至几个月。

在这个海底世界里，潜在的经济价值同样是不可估量的。从大洋获得的利益会远远超过人类目前探测太空的收益。如果人们能自由安全地出入洋底，其经济效益会立竿见影，人类对神奇大洋底的探测，在不久的将来一定会有新的更大的成就。

● 海底的诱球

水下机器人作为一种高技术手段，在海底这块人类未来最现实的可发展空间中起着至关重要的作用，发展水下机器人的意义是显而易见的。

海底世界不仅压力非常大，而且伸手不见五指，环境非常恶劣。但在海洋及海底，蕴藏着极其丰富的生物资源及6000亿亿吨的矿产资源。海底锰的藏量是陆地的68倍，铜的藏量为22倍，镍为274倍，制造核弹的铀的储藏量高达40亿吨，是陆地上的2000倍。海洋还是一个无比巨大的能源库，全世界海洋中储存着2800亿吨石油，近140亿立方米的天然气。因此，海底的探测和太空探测类似，同样具有极强的吸引力和挑战性。不论是沉船打捞、海上救生、光缆铺设，还是资源勘探和开采，一般的设备都很难完成。于是人们将目光集中到了机器人身上，希望通过机器人来解开大海之谜，为人类开拓更广阔的生存空间。

● 美国"哨兵"

美国"哨兵"海洋机器人是伍兹霍尔海洋研究所深海机器人的最新产品，可以下潜到海面下5000米处。"哨兵"的灵活机动性非常高，可以启动、停止、转身、后退和前进，并在行进途中勘测海底岩石和地形。"哨兵深海机器人的特点是速度快，每小时可行进3.68千米。"它已经在深海地域的详细调查中大显身手：它使用声呐技术和照片映射程序创建的海底地图，分辨率低于1米。

● 水下自动机器人

载人潜水器和机器人潜水器技术都继续在发展着，不过现在最先进的是水下自动机器人，它结合了两者的优点，水下自动机器人是不需要人操作的机器人潜水艇——它们不仅不需要水面船只的协助，而且还可以自动驾驶，当然这要归功于它所携带的软件和感应器。这类高功效潜水机器人，能够下探到6000米以下的海底，拍摄照片并采取标本。目前它是世界上同类产品中最先进的，利用这一新型机器人可以探测地球上95%的深海地表。

历史性突破

在高压环境下，耐高水压的动态密封结构和技术也是水下机器人的一项关键技术。机器人上的任何一个密封的电气设备、连接线缆和插件都不能有丝毫渗漏，否则会导致整个部件甚至整个电控系统的毁灭。技术的进步使机器人不断地向海底最深处探索。

● 我国的骄傲

在烟波浩渺的太平洋，中国的"大洋1号"考察船停泊在夏威夷以东1000海里的海面上，5000吨的考察船就像一片树叶似的，时而被海浪推上波峰，时而又被抛到波谷。突然一个貌似鱼雷的家伙浮出了水面，这正是人们急切盼望的"海洋1号"6000米水下机器人。

它是我国成功发射的第一颗"返回式海底卫星"，标志着我国自治水下机器人的研制水平已跨入世界领先行列。自治水下机器人的本体长4.374米，宽0.8米，高0.93米，它在空气中的重量为1305.15千克，它的最大潜深6000米，最大水下航速2节，续航能力10小时，定位精度10~15米。它可以在6000米水下进行摄像、拍照、海底地势与剖面测量、海底沉物目标搜索和观察、水文物理测量和海底多金属结核丰度测量，并能自动记录各种数据及其相应的坐标位置。

● 日本"海沟号"

1986年日本海洋科技中心便开始研制无人驾驶机器人，直到1990年才完成设计制作，研制出一种叫"海沟号"的无人驾驶潜艇。"海沟号"长3米，重5.4吨，它是缆控式水下机器人，它装有复杂的摄像机、声呐和一对采集海底样品的机械手。"海沟号"与母船之间采用光缆通信。由母船发出的信号以及由"海沟号"上的摄像机拍到的实时图像均可通过光缆传输。"海沟号"由两个部分组成，一个是中继站，它与母船通过一条缆线相连；另外一个是潜水器，它通过光缆与中继站相连。1995年，"海沟号"创造了世界潜水的最深记录。深入到达查林海渊的底部，探测水深10903.3米，修正水深10911.4米。"海沟号"很快成了日本乃至世界海洋科学考察的骄傲。

● 向最深处挑战

美国研制的"海神"号机器人潜艇正做着最后准备，目标是潜入海洋最深处。如成功的话，"海神"将是拜访太平洋11000米深的"挑战者深渊"的第一个自动工具。"挑战者深渊"位于西太平洋关岛附近的马里亚纳海沟，是太平洋最深的部分。"挑战者深渊"深11000米，比珠穆朗玛峰的高度还要多2000米。该深度的压力是大洋表面的1100倍。可见，从工程角度看，建造在这种极端环境下的运行工具是一项很大的挑战。"海神"的目的是让潜水深度完善到100%，它还能让科学家勘测到海洋深处的更大范围。它是一种有着神奇智能的带电池的工具，能通过使用化学传感器、声呐和数字摄影找到特别重要的区域。它是自动化的，无需船上人类操作员进行操作。"海神"能执行预定任务，绘制海底地图。"海神"使用可再充电的类似笔记本电脑上用的锂离子电池供电，使用发丝宽度的光纤光缆用于控制和遥感勘测。每充一次电，"海神号"潜艇就可潜水20小时。此外，它还用新的轻量级陶瓷材料取代了传统的用于建造潜艇的材料，它可以经得起巨大压力。

海上打捞

众所周知,海底世界不仅压力非常大,而且伸手不见五指,环境非常恶劣。不论是沉船打捞、海上救生、光缆铺设,还是资源勘探和开采,一般的设备都很难完成。于是人们再次将目光集中到了机器人身上,希望通过机器人来解开大海之谜,为人类开拓更广阔的生存空间。海上打捞机器人的诞生,大大地降低了海上打捞的难度和危险性,开辟了海上打捞的新纪元,揭开了海上打捞的新篇章。

● "氢弹"落入海底事件

1963年,风景秀丽,气候宜人,游人漫步在明媚的春光中。在西班牙东海岸地中海的海滩上,突然,一颗巨大的火球从天而降。原来,驻欧美军举行空军训练,一架空中加油机在给轰炸机空中加油时,因摩擦生电引燃了机上的燃料,两架飞机同时起火,飞行员紧急跳伞,飞机却坠毁在海边附近。令人震惊的是,轰炸机带有的5颗氢弹,全部落入海底。这给人们带来了极大的恐惧。

美国海军派出部队和各种舰艇及蛙人进行搜索,费了九牛二虎之力,在一个村子附近的海边找到了三颗,在一片海滩中找到了第四颗,但就是找不到第五颗。万般无奈下,海军只好求助于刚刚制成的"阿尔文号"载人潜水器。"阿尔文号"看上去像一艘微型潜水艇,但它前面装有一个长长的机械臂,并装备有各种传感器。头部的探照灯能照亮前方几十米处的海水,经过一番努力,它终于在850米深的海底找到了最后一颗氢弹。

打捞指挥中心接到报告后,调来了名叫"科夫"的有缆遥控水下抢修车,这是一台遥控水下机器人,它长5米,重1400千克,身上装有4个浮筒,它还装备有摄像机和探照灯,以及打捞和修理沉船用的巨大机械手。"科夫"根据"阿尔文号"的情报找到了失落的氢弹,然后在水面母舰的遥控下准确地测出了氢弹的位置,再用机械手牢牢地抓住它,稳稳地托着它离开了海底,缓缓地升到了海面。氢弹终于被找回来了!"科夫"机器人立下了汗马功劳。以后,"科夫"被作了进一步的改进,制成多种用途的系列产品,用来回收鱼雷,打捞失事舰艇,安装水声传感器等，直到20世纪80年代末它才退役。

● 打捞水中黑匣子

2004年1月3日清晨，埃及弗拉什私营航空公司的一架波音737客机从沙姆沙伊赫起飞后不久坠入距机场15千米的海域中。1月13日法国电信海运公司所属的一个潜水机器人潜入海中，打捞在红海失事的埃及客机的黑匣子。据法国电信海运公司介绍，这个名为"天蝎座"的机器人重3.4吨，由一艘海上电缆船进行遥控。它可以通过精密的机械臂"捡起"海底重达500千克的物体，还能切割失事飞机的残骸。另一架名为"超级阿希尔"的水下搜寻车也加入了打捞工作。在它们的共同努力下，飞机黑匣子终于破水而出。

参观"泰坦尼克号"

1912年4月15日，一场震惊世界的大惨案发生了，当时号称"不沉之船"的世界上最大的豪华邮轮"泰坦尼克号"，在其处女航中与冰山相撞。

● "泰坦尼克号"

1909年3月31日，"泰坦尼克号"开始建造于北爱尔兰的最大城市贝尔法斯特的哈南德·沃尔夫造船厂。"泰坦尼克号"全长约269.06米，宽28.19米，吃水线到甲板的高度为18.3米，注册吨位46328吨，排水量达到了规模空前的66000吨，在当时是最大最有声望的载人油轮。4个硕大无比的烟囱中只有3个真正用于排出煤烟，剩下那个是陪衬，实际用途是作为主厨房的烟囱和通风。船上的5台双端以及4台单端锅炉的动力来自159台煤炭熔炉，强大的动力使"泰坦尼克号"的最大速度达到23节。动力系统有3套主机：其中2套为四汽缸往复式蒸汽机，1套蒸汽轮机，主机功率达到37500千瓦。船上有891名船员，可以运载2200名以上乘客。在当时，"泰坦尼克号"的奢华和精致堪称空前。船上配有室内游泳池、健身房、土耳其浴室、图书馆、升降机和一个壁球室。头等舱的公共休息室由精细的木质镶板装饰，配有高级家具以及其他各种高级装饰。

船上最为奢华之处是头等舱的大楼梯，位于第一和第二烟囱之间。配有橡木镶板以及镀金栏杆的大楼梯一直延伸到甲板，顶部是由熟铁支架支撑的玻璃穹顶，使自然光洒满大楼梯。楼梯顶部的墙上镶有一盏钟，钟两侧雕刻着象征高贵和荣誉的寓言人物。

● "阿尔文号"开启探索之路

70多年后的1985年9月1日，美国发明了"阿尔文号"载人潜艇机器人，"阿尔文号"潜水器重13801千克，最大潜水深度为4511米，最大下潜速度为18米/分钟～30米/分钟，装有一台高分辨率的摄像机和强大的照明系统，它可以探测从前无法达到的大洋的最深处。于是伍兹霍尔海洋研究所的罗伯特·巴拉德博士和他的两位同事来到了当年的出事地点，希望能揭开"泰坦尼克号"沉没之谜。

1986年7月13日，"阿尔文号"用它的7盏明亮的灯光照射着北大西洋黑暗的洋底，"泰坦尼克号"的巨大船头隐隐呈现在黑暗之中。人们发现"泰坦尼克号"上的许多东西如吊灯及玻璃镶板等仍然待在原来的位置，"阿尔文号"看到了由4个烟囱及玻璃拱顶留下的大洞。在距船头约1600米处发现了船尾的残骸。由于当时的机器人设备有限，"泰坦尼克号"到底是怎样沉没的这个秘密仍然是个谜。

● "鹦鹉螺号"继续探测

1994年夏天，法国海洋开发研究所的"鹦鹉螺号"潜水器也到"泰坦尼克号"沉船地点考察，该潜水器的潜深为6000米，具备先进的水声通信和海底微地形地貌探测、高速传输图像、语音及探测海底小目标的能力。它具有更深的下潜能力和针对作业目标稳定的水中悬停定位能力，可乘坐3名乘员。并带有1台名叫"罗宾"的小型机器人。通过摄像机找到了一只水晶花瓶、一些乐器、一只大铜盆及盆内放着的盘子及很多餐具，还在一个小保险箱内找到了珠宝、金块和钞票。机器人共找到3600件物品。"泰坦尼克号"的右舷并没有裂缝，裂缝是在船底，轮机舱也没有发生爆炸。

现代战争骄子

机器人士兵

目前，机器人在军事领域主要有以下应用：一是可以直接执行战斗任务，减少人员伤亡和流血；二是执行侦察和观察任务；三是从事艰巨的修路、架桥、危险的排雷和布雷等工程保障工作。此外，机器人还可以用于指挥和控制、后勤保障、医疗救护等诸多方面。在一些军队中，机器人已开始执行侦察和监视等任务。英国谢菲尔德大学计算机系教授夏基认为：制造机器人的成本仅是培养士兵成本的1/10，拼杀于战场的情景，将有可能在10年内变成现实。

● 美国机器人士兵

2004年美军仅有163个地面机器人。2007年则增长到5000个，至少10款智能战争机器人在伊拉克和阿富汗"服役"。在战场上，当机器人士兵发现目标后它会立即向指挥所汇报，之后由另一个机器人士兵摧毁目标。机器人作战部队可以使战斗时间缩短一半，而士兵伤亡率却会降低60%~80%。美军事专家称，到2015年半数美军将是机器人士兵，而另一半是普通人类士兵。机器人士兵它们永不饥饿，永不退缩，永不辱使命，永不介意身边的战友倒下。这是机器人士兵区别于人类士兵最大的特点。

● 未来战争系统

美国政府认为10年内机器人士兵将成美军主力，并已开始建设耗资1270亿美元的"未来战斗系统"。这将促使美国军费不断膨胀，由2006年的4193亿美元，增加至2010年的5023亿美元。每制造1个这样的机器人士兵，需要20多万美元。但是，根据"战争成本数学"计算，花上数月乃至数年培养1名高技术士兵，大约也需要这些钱，而且高技术士兵一旦死亡或受重伤，还需要让别的士兵来取代，那就又要增加培养新士兵的经费。另一个好处是即使机器人士兵"阵亡"，也无需向他的"家长"写信报丧，也无需刊登容易激发厌战、反战情绪的讣告。当然，机器人士兵还可以大大减少其他方面的军需成本，如运输军车、厨师等。

由此可见，随着科学技术的发展和进步，对现代的机器人士兵的要求已经越来越高，未来的机器人士兵需要从头到脚进行整体高技术含量设计，并考虑到海、陆、空、天战场的相互协调，机器人士兵在未来战争中必将得到广泛的应用，正是因为有机器人的加入，使得未来战场的作战单元，更加智能化、集约化、系统化，这样的战场特征也将日益凸显，并构成整个作战系统的诸多作战单元，使作战潜能得到极大的激发。这必是未来的作战样式、作战方式。

机器人侦察兵

机器人侦察兵

机器人侦察兵是用于侦察、监视和搜集情报的特别勇士。美国已经研制出100多种机器人侦察兵，可执行海、陆、空多种侦察任务。有的能深入敌人前沿阵地侦察，有的能对特定地区侦察，它们发现情况后会及时报警，并能用激光为制导武器指示目标。

目前，已投入使用的机器人侦察兵在战争场上所发挥的作用巨大。通过机器人侦察兵身上的摄像头系统获取情报，再通过发射信号传回地面车辆，由侦察车报告总部配合其完成工作。为了扩大侦察车的探测能力，目前，美国陆军研制了一批小型无人机及无人地面车辆，由侦察车携带、部署及控制。车上装有传感器，具有运动中远距离探测核生化污染的能力。机器人车由运输车中的操作人员控制，控制器装有全球定位系统，可精确确定敌人的位置，通过无线电或光缆遥控机器人。

● 先进的侦察机器人

目前，随着高科技的发展，战场上的侦察工作遇到了很大的困难，给被派遣的侦察员带来很大的威胁和恐惧。所以采用机器人进行侦察，可以避免人员伤亡，而且，一旦被敌人发现，被"俘虏"的机器人还可以通过事先设置的自动引爆程序，使其自行爆炸，绝不会泄露任何秘密。并且机器人可以代替人类进入到人无法进入的空间里来完成特殊的侦察任务。

例如，目前美军在阿富汗战争上使用的"机器人侦察兵"是由躲藏在安全地带的士兵，使用无线电遥控器遥控来完成任务的。它装备有遥控红外和日光摄像机，并具有良好的机动性，可以爬楼梯，即使被撞翻在地，也能自动翻转过来，灵活地越过或绕过障碍物。当接近爆炸装置、地雷和建筑物内敌人隐藏处时，它可以自行隐蔽，并将摄像机对准目标，把相关的战场信息传递给操纵员，操纵员通过头盔显示器接受信息，可以实时传送视频、音频信号，使用传感器捕捉战场上的各种信息数据，完成各种复杂战场环境的侦察任务，即使侦察车内载有士兵，也可进行远程遥控，让车内士兵完成其他任务。

● "机器狗"侦察兵

"机器狗"与真狗一般大小，它能够在战场上为士兵运送弹药、食物和其他物品。由汽油机驱动的液压系统能够带动其四肢运动。陀螺仪和其他传感器可以帮助机载计算机设定每一步的运动。"机器狗"依靠感觉来保持身体的平衡，如果有一条腿比预期更早地碰到了地面，计算机就会认为它可能踩到了岩石或是遇到了山坡，然后就会相应地调节它的步伐。每条腿靠有三个传动装置提供动力的关节，和一个配有内力传感器"弹性"关节，来调节"大狗"的平衡性能使其保持稳定。未来的"大狗"能够以更快的速度攀越更陡的斜坡以及地势更险峻的路段。

军用昆虫

作为微小型机器人的一个新概念，"仿昆虫机器人"在20世纪90年代初被提出。它是基于对昆虫运动机理的分析，按照一种新的设计思想去设计的。设计一个昆虫机器人比做一个飞机模型可要复杂得多。

一个昆虫大小的"军用昆虫机器人"，可以携带音响、电磁、地震、化学、生物成像及环境等各种传感器，可以利用枪弹、火箭、导弹、飞机、无人机，将它投掷到敌军的防线后面，也可附在敌人的车辆上，混入敌军的阵地进行侦察。如果装有合适的传感器、飞行控制器和电池，它可以敏捷地越过障碍物甚至到达人所不能到达的地方。

军用昆虫机器人体积小、结构简单。有些昆虫式机器人还可以装备具有强攻击力的杀伤武器，可以装载在飞机或航天器上执行多种空中作战任务，在未来作战领域中有着极其广泛的应用前景。这些军用昆虫自身的特征信号较弱，隐蔽性强，即使是精密的探测器材也很难发现它。它具有较高的生存性能，可以秘密地靠近目标，实施高精度的攻击。在地面作战时，它可以深入到敌军的后方，插到敌战斗队形的各个位置，对目标进行"外科手术"式的有效打击。

● 早期的昆虫机器人

一种早期的昆虫机器人被称为小型卫士，长度为35厘米，具有6条简单的腿，可以利用自身的红外跟踪系统在人或目标的后面行走。类似的还有被人们称为"蚂蚁"的间谍昆虫机器人，它形如蚂蚁般大小，却具有可怕的破坏能力。它由多芯片组件、多功能传感器全球定位系统以及太阳能电池板组装而成的，可以神不知鬼不觉地潜入敌军司令部，或搜集情报，或用炸药炸毁电脑网络和通信线路。在使用中既可以代替卫兵还可以担负守卫任务。

● 机器人苍蝇

苍蝇是地球上飞行能力极强的物种之一，虽然它们体型很小，但天生健康强壮，在飞行时能经得住各种强烈撞击。美国已经研究出世界上第一只能飞的"机器人苍蝇"，它就像微型机器人中的小鹰。

虽说"机器人苍蝇"的个头小，但是它却能以40千米的时速飞行，在危险的情况下，甚至能在0.03秒的瞬间起飞。在100米以上的空中，它随时可以变化方向，躲在不为人知的角落里，人们发现不了它，它却可以利用传感器和微型摄像机拍到极为清晰的照片。在不久的将来这种昆虫式"机器人苍蝇"完全可以带上微型炸药，飞到敌人总部，成为名副其实的"超级昆虫间谍"。

● 微型战将

目前，英国BAE公司正在设计制造一系列微型电子昆虫。士兵们可以带着这些机器动物投入战斗，先利用小型追踪车将它们投放到目标附近。之后，这些机器动物会将图像传递给士兵的手持或腕系计算机，用以警示他们周围存在的任何威胁。除了英国外，美国军方也正在培育体内植有电脑芯片的"半机械昆虫"，它们背上安装有侦察装置，可被遥控按照人的想法四处飞行。

军用排爆机器人

20世纪70年代，西方国家恐怖分子的活动和其他暴力活动频繁发生，投放各种炸弹进行威吓破坏，成为恐怖分子进行恐怖活动的主要方式。正当人们恐慌不安的时候，勇敢的排爆机器人应运而生。

排爆机器人，是排爆人员用于处置或销毁爆炸可疑物的专用器材，以避免不必要的人员伤亡。它可在各种复杂环境下进行排爆。主要用于代替排爆人员搬运、转移爆炸可疑物品及其他有害危险品；代替排爆人员使用爆炸物销毁器销毁炸弹；代替现场安检人员实地勘察，实时传输现场图像；可配备霰弹枪对犯罪分子进行攻击；可配备探测器材检查危险场所及危险物品。

排爆机器人有轮式的及履带式的，它们一般体积不大，转向灵活，便于在狭小的空间里工作，操作人员可以在几百米甚至几千米以外通过无线电或光缆控制其活动。排爆机器人在进行反恐侦察及处理排爆能力等很多方面已经强于人类。

● 履带式的排爆机器人

在排爆机器人的研究领域里，以英国和法国的研究最为突出。英国由于民族矛盾，饱受爆炸物的威胁，因而早在20世纪60年代就研制成功排爆机器人。英国研制的履带式"手推车"（Wheelbarrow）及"超级手推车"排爆机器人在排爆机器人的世界里享有盛名。

MK7型"手推车"排爆机器人配备一台电视监视器、一支用于引爆爆炸物的霰弹枪和各种转臂、夹具及两条钢索，采用电荷耦合成像器件摄像机，提高了爆炸物清理效率。SuperM型"超级手推车"排爆机器人的性能更加优良，它是一种可在恶劣环境下工作的遥控车，车重204千克，长1.2米，宽0.69米，其摄像机顶部的最大高度为1.32米，摄像可以在距地面65毫米处工作,因此,它可以用于检查可疑车辆的底部。它采用橡胶履带,最大速度为55米/分。发现爆炸物后,排爆机器人可以用机械臂上的夹钳将它取出,用钢索将它拽走,或用携带的霰弹枪发射一发子弹,击毁引爆机构以解除危险。

● 轮式的排爆机器人

英国最近又将手推车机器人加以优化,研制出"土拨鼠"及"野牛"两种遥控电动排爆机器人。"土拨鼠"重35千克,在桅杆上装有两台摄像机。"野牛"重210千克,可携带100千克负载。两者均采用无线电控制系统,遥控距离约1千米。英国皇家工程兵在波黑及科索沃战争中都曾用它们探测及处理爆炸物。

● 我国自主研发的排爆机器人

JD-PB-06A排爆机器人是我国自行研制的产品。可广泛应用于搜索、排爆、放射性物资的排除,解救在危险区域内的受伤人员,代替人手去完成有危险的工作。JD-PD-06A机器人的主要功能是排爆。此款机器人机械臂最高伸展3米,可将可疑爆炸物轻巧地放置于高1.8米的车载防爆罐中;机械臂最低可水平伸出距地面0.1米,可伸入车底拆弹或抓取可疑物品。抓取器最大张开距离48厘米。抓取器纵向、横向都能无限旋转,可灵活地将物品从防爆罐中取出,这一功能是其他机器人所没有的。

军用扫雷机器人

据权威专家估计,近几十年来局部战争遗留下来的未爆炸地雷,总数大约在6500万到1.5亿左右,分布在全世界近60个国家和地区。地雷以它"易布难排"的特性,曾使那些排雷专家望而生畏,特别是在高技术条件下,容纳着诸多高科技的智能地雷的出现,使得安全、有效地排除地雷成为令人望"雷"兴叹的事。在扫雷工作中,工作人员必须百分之百地探知地雷的位置,稍有差错,后果就不堪设想。扫雷机的诞生使人们看到了未来的广阔前景,其工作原理是通过安装在机器内部的摄像机和感应器探知地雷的准确位置然后引爆地雷。

　　机器扫雷之所以受到人们的重视，不仅因为它扫雷速度快，更重要的是它可以避免人员的伤亡。扫雷机器大体上可分成两类：一类重点探测及排除反坦克地雷，另一类探测及排除杀伤地雷。前者多由现有军用车辆的底盘改造而成，体积较大；后者多为新研制的小型车辆。当然，有的机器也可同时排除两种地雷。

● 综合扫雷车

　　综合扫雷车，可扫除陆地各种地雷。可配有爆破扫雷器、机械扫雷器和电子扫雷器三种扫雷器，通过爆破、打碾、翻排、推压雷区土地等方法，提高扫雷速度，降低扫雷成本，减少触雷伤亡人员。其主要用于扫清敌前沿阵地多种形式防坦克地雷场，为突击作战的坦克、装甲部队开辟通路。它也可在纵深战斗及防御战斗中克服机动撒布的雷场、雷群，还可用于战后扫雷。

● 爆破联合扫雷机

　　在各国现有的扫雷系统中，比较先进的主要还是"机（全宽式扫雷犁）和爆（火箭爆破器）联合扫雷"，国产GSL131型机械爆破扫雷车是我国近期研制成功的一种集爆破扫雷、机械扫雷和标示通路（简称"两扫一通"）等诸多功能于一体的综合性扫雷车。GSL131型机械爆破扫雷车由基础车、爆破扫雷发射装置、铲式扫雷犁、通路标示装置、电路控制系统及液压控制系统等组成。

步兵支援机器人

　　近年来，城市巷战成为军事强国的心病。处于弱势的军事组织，为了弥补与军事强国的技术与实力差距，往往在地形复杂的城市中展开巷战对抗。即使是实力与技术均遥遥领先的军事强国，面对城市中的恐怖组织、反叛者，也不得不把步兵投入城市巷战中，把步兵与恐怖组织、反叛者放到同一技术层次进行较量，带来了诸如士气低迷、士兵厌战、战争长期化、地区不稳定、国内抗议等一系列不利因素。所以发展专业巷战兵器应是目前兵器发展的热点之一。

为了降低人员伤亡，适应低强度战争，英、美、俄等军事强国都在积极研制各种军用支援机器人，现已有许多支援机器人装备投入使用。目前美国陆军地面作战机器人急剧增长，在伊拉克和阿富汗战争中就部署了5000多个无人地面系统。随着种类繁多、数量庞大的地面机器人正式开始实战应用，人们对多用途无人地面作战系统的关注程度也越来越高。步兵支援机器人已成为城市巷战不可忽视的有效装备。

● "角斗士"战术无人车

目前，一种外貌酷似坦克的机器人在美国研制成功，并被部署在伊拉克的18个作战单位，投入实战演练。美军驻伊拉克部队拥有数以百计的小型机器人，用来检查和处理爆炸物。美军士兵主动对机器人进行改装以便应付更为复杂的作战环境。

"角斗士"是一个能够遥控的多功能机器人，它可全天候地保持战斗状态。"角斗士"系统的操纵员控制面板与市场上的游戏机手柄十分相似，士兵们可以通过它向"角斗士"下达指令，战斗时，"角斗士"可冲在最前面，为后续士兵扫清前进中的障碍。

"角斗士"高1.2米，重约800千克，成本15万美元。由于需要执行多种任务，它不但装备有日/夜摄像机，能够24小时对目标进行侦察与监视，还装备着一套生化武器探测系统。"角斗士"的武器包括7.62毫米口径的中型机枪、9毫米口径的"乌兹"冲锋枪。陆战队还准备在它上面装备一套"狙击手发现、还击系统"，这样在城市巷战中，它可充当士兵的保镖，伴随士兵打仗。"角斗士"的防护能力也很强，即使身中数弹仍然能够照常执行任务。

● "压碎机"无人地面战车

"压碎机"无人地面战车是"蜘蛛"车的继承型和升级型。新型"压碎机"无人地面战车在所有方面远胜过"蜘蛛"车，它是六轮全驱动混合动力的无人地面车辆，具有滑动转向的功能。该车在加满燃油时重为6356千克，可承载1362千克有效载荷。该车战斗全重为7718千克，一架C-130H运输机一次可运载2辆"压碎机"无人地面战车。如果需要,"压碎机"无人地面战车能够在不影响机动性的前提下,承载3632千克的有效载荷和装甲。

步兵支援机器人在未来战场上的地位将日益受到重视,其作用会更大。随着各种机器人技术的日益成熟,将会有更多更先进的机器人安装于各种武器系统用于军事目的,从而减少人员伤亡。未来的战场兵力部署结构或形式也会因此有所改变,甚至有一天会成立机器人兵团。它的应用范围也会更加广泛,如用于新式武器系统试验、清除污染、军工生产、电子对抗等。

微型军用机器人

机器人自从问世以来,科学家们一直不断地在潜心研究,意在扩大机器人的应用领域。现代科学技术的发展,特别是微细加工技术的飞速发展为微型机器人的出现奠定了技术基础。微型机器人并非对现有机器人在尺寸上的简单微型化,而是指以微机电系统技术(MEMS)为依托,具有微小尺寸结构,可进行微细操作的机器人。微型机器人的最基本的部件是微型机电系统,它是将微型传感器、微型驱动器、微型开关、微型电机、微型电子器件有机地组合在一起。

微型机器人可分为厘米、毫米和微米尺寸机器人,具有一定的智能,可以在微小的空间里进行控制操作或信息采集。其最突出的优点是能执行常人无法完成的任务,而且可以批量、廉价制造。微型机器人在军事领域里也得到了广泛的应用。常见的军用微型机器人有地面微型机器人和空中微型机器人两种类型。

● 地面微型军用机器人

专家们对微型机器人倍加青睐,认为它们体积小,生存能力强,具有广泛的用途。现已研制出"机器虫"微型军用机器人,它们会爬行、跳跃和飞行。"机器虫"微型机器人可以做排除地雷等危险工作,也可以到千里之外去搜集信息,还可以附在敌人装备的部件上,混入敌人防线,侦察敌人的目标,更可向敌人的通信系统中注入一个功率脉冲进行干扰,或钻到敌人的装备中去,破坏发动机等关键部位。

● 空中微型军用机器人

空中微型军用机器人的特征是：最大尺寸为20厘米，质量在几百克以下，航程可达10千米，最高时速达80千米/小时，最高飞行高度可达150米，它具有实时成像、导航及通信能力，可用手掷、炮射或飞机部署，具有侦察成像、电磁干扰等作战效能，使用一次性的微型飞行器的价格在1000美元以下。

微型飞行器最初是为美国陆军未来作战系统（FCS）开发的项目——背包便携式自主控制微型飞行器，它有可能装备美国海军。该机器人已经参加了实战演习，它在夏威夷的军事基地进行了试飞，并在军中扮演了主要角色。微型飞行器非常有趣的一点是，其起飞、降落和悬停都很像直升机，但是它操作起来要简单得多。这是因为它由一个固定的涡扇喷气发动机驱动，通过径向叶片来驾驶。微型飞行器就像"傻瓜"无人侦察机那样简单易用。没有任何领航技能的人也能轻易学会操控它——使用一个地面站（军用笔记本电脑）即可。它的特点是：起飞降落都不需要发射或是回收装置；可以通过红外线或是普通光相机侦察半径10千米的范围，并且是采用"悬停"的方式；此外它还足够稳定，可以在距地面1.52厘米的高度悬停，找出可能的简易爆炸装置。值得一提的是，拥有如此强大的功能的它，体积却小到可以装进背包。

机器人战争杀手

随着高新技术的发展，各种类型的军用机器人已经大量涌现。一些技术比较发达的国家相继研制了智能程度高、动作灵活、应用广泛的军用机器人。目前军用机器人主要是作为作战武器和保障武器使用。在恶劣的环境下，机器人的承受能力大大超过人们的想象，如运输机器人可以在核、化条件下工作，也可以在炮火下及时进行战场救护。比如，在地面上，机器人为联合国维和部队排除爆炸物、扫除地雷；在海洋中，机器人帮助人类清除水雷、探索海底秘密；在宇宙空间，机器人成了火星考察的明星。

● "背包"机器人

"背包"机器人结构小巧，它的手臂可以抓住并搬运物件，主要用于侦察敌方炸药，还善于探测牛羊的尸体。升级版的"背包"机器人则体型更加小巧，仅重18千克，最大时速可达14千米，每次充电能持续13千米行程，涉水可达3米。它的防御装甲足以抵挡住大口径狙击步枪、冲锋枪之类的轻武器的攻击，即使在近距离也很难从正面穿透装甲，破坏到机器人内部的电路板和芯片。在作战中，它既能快速装配、换装，拆下探头和武器之后承载重物，又能在情势危急之时捆绑炸弹作自杀爆炸。更为重要的是，在伊拉克战场激烈的巷战环境中，它能够机警地捕捉、分辨对美军士兵威胁最大的反美狙击手的细微动静。美军士兵只需快速装好"背包"机器人，躲在隐蔽的角落里，就可以神不知鬼不觉地操纵机器人靠近、袭击敌人。正因为如此，它当之无愧地被冠上了"战争中的杀手"的称号。

现在世界上已经把机器人作为自动化技术的巅峰之作。早在阿富汗战争之前，美军就已经将机器人用于搜救和安放炸弹，使它们正式开启了人类的"机器人战争"之门。

生产中显神通

焊接机器人

焊接是一种劳动条件差、烟尘多、热辐射大、危险性高的工作。焊接加工要求焊工要有熟练的操作技能、丰富的实践经验、稳定的焊接水平。工业机器人的出现使人们自然而然首先想到用它代替人的手工焊接,减轻焊工的劳动强度,同时也可以保证焊接质量和提高焊接效率。

焊接机器人是从事焊接(包括切割与喷涂)的工业机器人。根据国际标准化组织(ISO)工业机器人术语标准的定义,工业机器人是一种用于工业自动化领域的,多用途的、可重复编程的自动控制操作机。它一般具有三个或更多可编程的轴。为了适应不同的用途,机器人最后一个轴的机械接口,通常是一个连接槽,可接装不同工具。比如,末端执行器。焊接机器人就是在工业机器人的末轴装接焊钳或焊(割)枪,使之能进行焊接。切割或热喷涂焊接机器人主要操作部件是机器人的手和焊接设备两部分。机器人由机器人本体和控制柜(硬件及软件)组成。而焊接装备,以弧焊及点焊为例,则由焊接电源、(包括其控制系统)、送丝机(弧焊)、焊枪(钳)等部分组成。对于智能机器人还应有传感系统,如激光或摄像传感器及其控制装置。

● 我国焊接机器人的状况

我国开发工业机器人晚于美国和日本,起于20世纪70年代,早期是大学和科研院所自发性的研究。经过十几年的持续努力,在国家的组织和支持下,我国焊接机器人的研究在基础技术、控制技术、关键元器件等方面取得了重大进展,并已进入使用化阶段,形成了点焊、弧焊机器人系列产品,能够实现小批量生产。我国焊接机器人的应用主要集中在汽车、摩托车、工程机械、铁路机车等几个主要行业。汽车是焊接机器人的最大用户,也是最早用户。

进入21世纪由于国外汽车巨头的不断涌入,汽车行业迅猛发展,我国汽车行业的机器人安装台数迅速增加，目前在我国应用的机器人主要分日系、欧系和国产三种。我国虽然已经具有自主知识产权的焊接机器人系列产品，但却不能批量生产，形成规模。

● OTC六轴焊接机器人

OTC六轴焊接机器人不但可以提高生产效率，还可以提高产品质量。它的响应时间短，动作迅速，焊接速度可达60厘米/分钟～120厘米/分钟。在焊接过程中，只要给出焊接参数和运动轨迹，机器人就会精确重复此动作，一天24小时连续生产。焊接参数，如焊接电流、电压、焊接速度及焊接干伸长度等对焊接结果起决定作用。随着高速高效焊接技术的应用，焊接成本将明显降低。由于机器人可重复性工作，只要给定参数，就会永远按照指令去动作，因此机器人焊接产品周期明确，容易控制产品产量，机器人本体不需要做任何改动，只要更改调用相应的程序命令，就可以做到产品更新和设备更新。传统的焊接现场温度高，空气质量差，还存在辐射问题，这些都严重影响工人的身心健康，用机器人焊接就不存在上述问题了，只需要由机器人代工操作就可以，从而使工人摆脱恶劣的焊接环境。

机器人几乎是高科技的代名词，代表着工业自动化的最高水平。先进的生产设备，体现了企业先进的加工能力和科研能力，它可使企业形象上升一个台阶，从而提高企业的竞争力。

全自动焊接机器人

自动焊接机器人从20世纪60年代开始用于生产以来，随着电子技术、计算机技术、数控及机器人技术的发展，其技术已日益成熟。主要有以下优点：稳定和提高焊接质量；提高劳动生产率；改善工人劳动强度，可在任何环境下工作；降低了对工人操作技术的要求；缩短了产品改型换代的准备周期，减少相应的设备投资。因此，在各行各业已得到了广泛的应用。

由于弧焊工艺早已在诸多行业中得到普及，弧焊机器人在通用机械、金属结构等许多行业中得到广泛应用。弧焊机器人是包括各种电弧焊附属装置在内的柔性焊接系统，而不只是一台以设定的速度和姿态携带焊枪移动的单机，因而对其性能有着特殊的要求。

● "空手臂" 弧焊机器人

我国上海生产的高性能中空手臂机器人M-10IA，是一款将焊枪电缆内置于手臂的全自动弧焊机器人。该机器人性能更适合高强度焊接作业。高强度的手臂以及先进的伺服驱动技术提高了各轴最大运行速度和加速性能，从而缩短了超过15%的焊接作业时间，提高了生产效率。控制轴采用独特的驱动构造，在业内被誉为"拥有最纤细手臂"的中空弧焊机器人，从而简化了在狭小空间内的焊接操作以及高密度的安装作业。柔性的焊枪电缆、中空手臂保养及维护都非常方便，为焊接过程提供了卓越的电缆和稳定的焊丝供应。这款机器人可以将管外的焊接动力电缆和保护器气管整合一体，加强的手腕负重能力，允许安装各种不同的焊接工具，如传感器单元、伺服焊枪和双丝焊枪等。

● FANUC智能弧焊机器人

FANUC智能弧焊机器人是一款焊枪电缆与手臂综合一体化的全自动弧焊机器人，其高速运动性能在同类机器人中最为出色，具备许多优于其他同类机器人的特点：FANUC智能弧焊机器人通过焊接电源和机器人控制器的一体化，简化了配线作业，因而在导入设备后就可马上使用该焊接系统，大幅缩短了弧焊机器人的安装时间；它使用的120千赫兹变压器对焊接电流波形进行高速控制，强大的波形控制技术使得低飞溅焊接成为可能，即使是使用最大的输出电流，也可实现可靠的高速焊接；焊枪可360°旋转，和机器人运动同步的焊接确保了稳定的起弧；具有丰富的用于支持高速、高质量焊接的智能化功能；日常维护简便易行。

焊接机器人在高质量、高效率的焊接生产中，发挥了极其重要的作用。工业机器人技术的研究、发展与应用，有力地推动了世界工业技术的进步。近年来，焊接机器人技术的研究与应用在焊缝跟踪、信息传感、离线编程与路径规划、智能控制、电源技术、仿真技术、焊接工艺方法、遥控焊接技术等方面取得了许多突出的成果。随着计算机技术、网络技术、智能控制技术、人工智能理论以及工业生产系统的不断发展,焊接机器人技术领域还有很多亟待我们去研究的问题,特别是焊接机器人的视觉控制技术、模糊控制技术、智能化控制技术、嵌入式控制技术、虚拟现实技术、网络控制技术等将是未来研究的主要方向。

喷漆机器人

自从20世纪60年代初人类创造了第一台工业机器人,在短短的几十年的时间里,机器人技术得到了迅速的发展。在喷漆作业中采用喷漆机器人,可以明显提高喷涂质量和材料使用效率,不但能使喷涂轨迹精确,还能提高涂膜的均匀性,降低喷涂用量和清洗溶剂的用量,提高材料利用率。在提高劳动生产效率的同时,避免了过去人工喷涂时工人因接触有毒涂料而造成急性或慢性中毒。因此,喷漆机器人在制造业中的应用越来越得到人们的重视。

● 仿形喷漆机器人

仿形喷涂设备广泛应用于汽车工业、铁路机车车辆制造业、集装箱制造业等行业。可以用于大客车、面包车、铁路客货车、集装箱等箱型结构的顶部和两侧面的喷涂作业,也可以根据需要,提供箱型结构五个面的喷涂。根据用户要求,仿形喷涂设备可以配备空气喷枪、静电喷枪、气喷枪、高压无气喷枪和与之配套的供、输漆系统。

● NC喷漆系统

汽车工业所面临的重要问题之一就是如何实现完全自动喷漆作业。使用往复移动喷漆装置只能处理80%的车体表面。要实现喷漆过程完全自动化,就需要应用自动喷漆机器人。美国通用汽车公司建立的100%自动喷漆系统NC喷漆器就同时采用了许多往复移动装置和机器人。NC喷漆系统由一台管理计算机进行监控,可对新车体的喷漆作业进行离线编程。在每一工段都有一套往复移动装置和一些喷漆机器人,它们分别适用于车体不同部位的喷漆工作。

喷涂机器人的成功应用,给用户带来了非常明显的经济效益。首先,产品的质量得到了大幅度提高,产品合格率达到99%以上,提高了企业竞争力。其次，大大提高了劳动生产率，从而增加了产量，降低了价格，提高了市场占有率。

虽然目前对喷漆机器人离线编程系统的研究已经取得了很大进展，但由于喷涂效果受多种因素的影响，如工件表面形状的复杂程度、喷枪的位置、方向及其离工件表面的距离、油漆的粘滞性、挥发性、环境温度、大气压、空气湿度，因而如何找出更加精确的油漆空间分布数学模型，以及提出更好的轨迹优化方法，仍然是今后有待进一步探讨的问题。

装配机器人

装配机器人就是为完成装配作业而设计的工业机器人，是柔性自动化装配系统的核心设备，由机器人操作机、控制器、末端执行器和传感系统组成。其中操作机的结构类型有水平关节型、直角坐标型、多关节型和圆柱坐标型等；控制器一般采用多CPU或多级计算机系统，实现运动控制和运动编程；末端执行器为适应不同的装配对象而设计成各种手爪和手腕；传感系统用来获取装配机器人与环境和装配对象之间相互作用的信息。

常用的装配机器人主要有可编程通用装配操作手即PUMA机器人和平面双关节型机器人即SCARA机器人两种类型。与一般工业机器人相比，装配机器人具有精度高、柔顺性好、工作范围小、能与其他系统配套使用等特点，主要用于各种制造行业。机器人一般有5或6个自由度，即腰、肩、肘的回转以及手腕的弯曲、旋转和扭转等功能。其控制系统由微型计算机、伺服系统、输入输出系统和外部设备组成。

● DLARA型装配机器人

DLARA（选择柔性组合机器人臂，Selective Compliance Assembly RobotArm）型装配机器人是水平多关节机器人，其所有转动关节的轴线都是与立柱平行的。其显著特点是：运动速度快、定位（重复定位）精度高，广泛应用于装配、搬运等行业中。它特别引人注目的一个特点是选择柔性，这在需要将物体插入孔中的组装作业中极为有用。因为其结构的关系，DLARA型装配机器人在垂直方向刚性很好，在水平方向柔性很好，因而适于插装、搬运作业。ADLARA型装配机器人目前主要用于电子行业。

● 汽车动力总成的装配机器人

汽车动力总成的装配是一种传统的手工作业，需要由有熟练技巧和经验的工人来完成，因为离合器和液力变矩器等部件的齿轮和其他重要零件都必须在一个狭小的空间里以非常高的精确度进行对中，这样单调的重复动作会使工人容易疲劳，并会降低产品质量，工作效率无疑也会受到影响。为了让机器人能够模仿人类在装配线上的工作，机器人需要有对力的感觉能力和顺从性。机器人必须有一种控制方法能够对力和力矩进行控制，并能够对接触的信息做出反应。ABB新型机器人的力控制技术可以做到这一点。ABB的机器人解决方案最终选择了IRB6400机器人，这种机器人的有效负载能力为150千克，它能在无需帮助的情况下支撑零件的重量，并且不会出现任何额外的接触力。试验表明，IRB6400机器人能处理的总重量为75千克（包括零件、抓手和力传感器的重量）。ABB机器人具有先进的力控制装置，能够胜任非常精密的装配工作，即使装配一些重的零件也不成问题，因此适合于各种工业部门进行装配工作。

目前，全世界工程师和科学家仍在深入研究装配机器人，有人预言，若干年后，此类机器人将如同现在的电脑一样普及。

搬运机器人

搬运机器人是可以进行自动化搬运作业的工业机器人。最早的搬运机器人出现在1960年的美国。搬运作业是指将货物从一个加工位置移到另一个加工位置。搬运机器人可安装不同的末端执行器以完成各种不同形状和状态的工件搬运工作，大大减轻了人类繁重的体力劳动。目前世界上使用的搬运机器人逾10万台，被广泛应用于机床上下料、冲压机自动化生产线、自动装配流水线、码垛搬运、集装箱等的自动搬运。部分发达国家已出台了相关规定，限定了人工搬运的最大限度，超过限度的必须由搬运机器人来完成。

● 六自由度搬运机器人

DL-BY-Robot型六自由度搬运机器人具有操作简单、结构灵活、功能完善等诸多优点。它的最大行程是10米，最高速度是4米/秒，单轴重复定位精度是0.1毫米。它能提供良好的稳定性和可靠性。它采用模块化结构，大量减少了非标设计与制造，最大限度地减少了设计与实施的风险。模块化的结构还可以大大减少试制周期，使实施过程更加可控。它还有一些突出特点，如优良的驱动与控制系统，使它具有了标准机械手的通用功能；自动化集料与码垛，可实现全工序的自动衔接，即无人工干预的全自动运行；如工业化的部件组合，可大幅度地减少设施成本；如工件在线检测，可确保产品质量。

● 码垛机器人

码垛机器人具有很强的操作灵活性，一般位于生产线的后段，用来处理各种各样的货盘，从长远看可以取代传统的码垛机。在国外，机器人码垛已经大量在生产线上使用了，随着码垛机器人使用的可靠性和其他性能的改进，码垛机器人比传统码垛机器具有很多的优势。码垛机器人有多功能作用，可以安装在工程的各个位置，也可以重新组装做其他的工作。码垛机器人操纵简单，方便耐用，比传统码垛机器更结实，更有活力。每工作6个小时才有可能出现一次失误，而且结构简单，除了4个电机和4个减速器以外，其他的都是连动装置。因此极少有部件会损坏。码垛机器人还具有卓越的灵活性，很多零售商对纸箱的大小和结构要求是有变化的，想要的装载形式更是五花八门，因此，码垛设备的货盘转载模板时常要更换。与传统机器相比较，码垛机器人更容易操控，对于传统机器来讲，改变货盘转载模板是一个重大的变更，而对于机器人来说只是一个更换程序的小事。

在科学研究和生产领域，机器人可代替人类做到人类难以做到的工作，码垛机器人既改善了工作人员的劳动环境，又给工人降低了劳动强度，提高了安全性，同时提高了生产效率。

包装打捆机器人

包装工业机器人用途很广，主要用于体积大而笨重物件的搬运、装卸和堆码等；人体不能接触的洁净产品的包装，如食品、药品，特别是生物制品和微生物制剂；及对人体有害的化工原料的包装。随着机器人技术的成熟和产业化的实现，使得包装工程领域中应用机器人的范围越来越广。包装打捆机器人主要有：集合包装装箱；粉料大袋的袋装；高速的装盒装箱折边封合多工位包装；靠人搬运难以实现的重型产品的包装、搬运和捆扎；易碎物品的包装；对化学药品和农药等对人体有害液体的灌装等，还具备可对一些包装产品和包装货物在不同条件下，不同部位的自动识别和多种信息检测的功能，同时还具有分级和分类的功能。

● 六轴机器人

在饮料厂，需要堆垛大量不同类型的容器。为此，主要使用分层堆垛机。由于消费者饮料消费模式的变化，而造成了产品种类大幅增加，这带来的结果就是传统自动化解决方案达到了其能力极限。因为，现在所要求的除了速度之外还有灵活性，而这些只有六轴铰接臂机器人可以做到。

机器人必须有很高的承载力，因为它必须一次性堆放整层。机器人主要优势在于它的灵活性，只需要通过对程序进行细微更改，就可以迅速使一台机器适用于另外一种饮料瓶大小。另外，可观的作用范围以及量身定做的夹持器对于增强六轴机器人的灵活性也功不可没，生产者可以对市场需求的变化做出迅速的反应并在生产线上生产更多的产品。六轴机器人每小时能传送40000个0.5升的饮料瓶。虽然六轴机器人是大型机器人，但是它所需占用的场地还是比以前使用的分层堆垛机少很多。另外，它工作循环周期短、定位准确、保养要求低、操作简单而且其可用性远远超出95%，这些特性都使该机器人能够脱颖而出。

● 装箱机器人

装箱机器人也是包装工业机器人的一种。一般金属和玻璃包装容器的装箱用刚性包装箱机器人完成。对装箱包装物品的抓取有机械式和气吸式两种。它可整体移动。对包装件进行抓取或吸附，然后送入指定位置上的包装箱或托盘中。它具有方向性和位置自动调节的功能，可实现无箱（托盘）不卸货和方向调节。这类机器人是一种较为成熟的机器人，应用很广，如包装饮料、啤酒、化妆品、香烟等。装瓶机器人具有装箱快速准确、不知疲劳和连续作战的本领。

世界上的许多国家的工业制造都进入了高度的自动化生产阶段，其特点是生产装备比较先进，自动化程度高。生产流程连续化，要求工人在生产线上精神要高度集中，操纵反映要迅速，在这种条件下，采用机器人代替工人操纵，既快又好，既稳定生产又提高了生产线上的效率，从而增加了产品的竞争力。

喷丸机器人

喷丸处理也称喷丸强化，是延长零件疲劳寿命的有效方法之一。喷丸处理就是将高速弹丸流喷射到弹簧表面，使弹簧表层发生塑性变形，而形成一定厚度的强化层，强化层内形成较高的残余应力，从而提高弹簧的耐疲劳强度。

● 芬兰工业小巨人

现在生产厂家对表面处理技术的要求越来越高，手工系统很难满足其要求。为此，芬兰的钢铁巨人RK公司首先研制出计算机控制的喷丸清理机器人。以前的喷丸工作都由手工操作，是一个冗长而艰苦的过程，由砒酸引起的污染曾给作业人员带来了健康危害，很多工人为此患上了肌骨骼失调症。喷丸机器人的发明解决了这一问题。喷丸机器人采用绞盘系统，能够自动垂直移动并且可以追踪焊接线。可以提高生产力，防止污染，减少工人因作业疲劳导致的肌骨骼失调。喷丸机器人可以用在许多领域中。例如在飞机制造厂，在对机身及机翼表面重新涂漆之前，需要完全除去旧漆，使之不至于影响飞机的总的重量。而用机器人除漆工作质量效果都是非常好的。

● 机器人喷丸系统

机器人喷丸系统通过一个机器人喷嘴操纵器自动对零件进行处理。该系统能够进行各种喷丸操作，包括涂层剥离、混料、喷丸、打磨喷丸和通用目的的喷丸。它会应用一个教学程序，告诉机器人在处理过程中进行何种运动。机器人控制器有足够的存储空间，用来存储成百上千的单独的零件运动模式。操作者可以教机器人移动到无穷多个已知点。可通过编程使机器人掌握连接轴的运动模式。系统在处理过程中将重复坐标和连接活动指令。机械装备有数字喷丸流量控制器和总介质传输和恢复控制。腔室由坚固的钢板构成，因而可提供无噪音的操作；机器人可以与其他的运动伺服电机联合运动，如零件的旋转和自动零件加载；自动筒式过滤器带反转脉冲灰尘收集功能，可以清理操作室；机械筛分选器保持介质尺寸和保证精确并持续的处理。

● MP1500RWA型喷丸机器人

MP1500RWA型喷丸机器人，是一台结合抛头和喷嘴的丸料喷射系统，可当做飞机发动机喷/抛丸工艺的替代解决方案。经过与全球知名的各大飞机制造商多年合作，就精确度和工艺控制而言，符合严格的最新航空规范要求。技术先进，品质卓越的MP1500RWA系列能处理适用于各类飞机的零部件，包括涡轮盘、散热风扇盘、压缩转子盘、轴、叶片和其他结构性件，这些部件的材料通常为铬镍铁合金、钢、铝合金或钛合金，目的旨在改善或恢复它们的耐疲劳能力。

随着科技的进一步发展，更先进的喷丸机器人将陆续问世，并将会得到更为广泛的应用。它的应用将会大大提高生产率，延长设备部件的使用寿命；并会减小由于手工操作而带来的环境污染和对操作人员的健康危害。

装载机器人

装载机器人应用于物品运输和保管。具体来说，它是指在物流过程中对物品进行装卸货、搬运移送、堆垛拆垛、放置取出、分拣配货等。

装卸活动的基本动作包括装车（船）、卸车（船）、堆垛、入库、出库以及连接上述各项动作的短程输送，是随运输和保管等活动而产生的必要活动。

装卸搬运是物流每一项活动开始及结束时必然发生的活动，会影响其他物流活动的质量和速度，任何物流活动互相过渡时，都是以装卸搬运来衔接的。装载机器实现了装卸作业的机械化，是装卸作业的重要途径。过去的装卸作业主要是依靠人力手搬肩扛，劳动效率低，劳动强度大，从而严重地影响了装卸效率和装卸能力的提高。随着世界经济的迅速发展和商品流通量的扩大，单纯依靠人工装卸，已无法满足客观形势发展的需要。有了机器人这个好帮手可以让这件工作轻松很多。

● 龙门式机器人

在生产线中，龙门式机器人可以完成发动机缸盖的机械加工、装配、清洗和质量检测。各加工工序一般是由加工中心来完成的，各个加工中心组成一个生产加工线，在各个加工中心之间通过龙门式机器人完成缸盖的上下料工序。这些龙门式机器人都是采用模块化的结构设计，并且都可以根据生产能力的增加而进行补充。在工件的运输过程中，运送缸盖，缸盖加工后的表面有可靠的定位、装夹，以保证缸盖运输过程中的安全性与可靠性。龙门式机器人采用了中间底座来

● 激光分拣机器人

在激光切割部件的分拣方面，长期以来缺少有效的解决方案。因为要求太高，机器人系统必须能够对各种不同尺寸和不同形状的零部件进行安全的分拣。此外，机器人还必须装备能动态工作的智能分拣软件。Laser-Sort激光分拣机器人，就是一种符合市场需求的动态系统，该机器人能够完成所有在零件操作和分拣时要求做的必要动作。新型Laser-Sort激光分拣机器人作为全自动板材加工单元的一部分，实现了对激光切割部件的无人动态分拣。这套系统在汽车零配件的生产中使板材加工过程实现了全自动化。该机器人除了能装卸粗板材，还能将切割好的部件进行分拣，机器人可将剩余的板材进行后续加工及货物的全自动配货。

● 采用RFID技术的仓库升降机

世界领先的医疗技术企业Gambro公司采用机器人为其仓库进出货。该公司建成了一座自动化的透析器生产厂，在这座工厂里，有4个区域都使用专用仓库升降机作为工艺技术和生产物流方面的缓冲存储器。其基座的识别采用RFID技术，可以对物体进行自动识别和定位。这台升降机每周工作7天，每日工作24小时。可以实现新型双货箱技术，货箱装卸货时，升降机必须全部驶出，货箱的位置可以上下码放。产品在被装入和取出时升降机可以使用机器人为仓库进出货物。

超级采矿机器人

采矿业是一种劳动条件相当恶劣的生产行业，时刻存在着粉尘煤尘污染、瓦斯爆炸、冒顶等不安全因素。这些不安全因素极大地威胁着井下工人的安全。因此，采矿业迫切要求开发各种不同用途的机器人以取代人工作业。此外，采掘工艺一般比较复杂，这种复杂工作很难用一般的自动化机械完成，采用带有一定智能并且具有相当灵活度的机器人是目前最理想的方法。

● 海底采矿机器人

海底世界已被人类认为是未来最大的潜在战略资源基地。近年来，众多国家及跨国财团已投入巨资竞相研发海底资源项目，以待适当时机获取、占有更多的海底资源。目前，最受推崇的项目是海底多金属结核的开采，无论在开采技术还是成本上，都被公认为最具有开采价值的项目。然而多金属结核赋存在水下4000米~6000米深度的海底沉积物上，易受海水压力、腐蚀、大洋环境等诸多因素的影响和限制，各国针对这些特点，研究了各种类型的海底采矿机器人。海底采矿机器人要与水面船、扬矿系统紧密配合，通过扬矿管道把采集的矿产输送到水面船上。

目前，我国的技术人员正在调试大学生发明的海底采矿机器人，这个机器人由控制系统、采集系统、监视器、履带等多个部分组成，采取有线控制，可深入水下30米，在海底行驶，完成采样、提取标本等工作。该机器人可广泛应用于海底救援、海洋矿产开发等领域。

● 隧道凿岩机器人

世界上几乎所有的发达国家都推出了具有机器人特征的半自动计算机辅助凿岩台车和全自动凿岩台车，也就是凿岩机器人。由于这类凿岩机器人主要用于隧道的开挖，所以将它称为隧道凿岩机器人。

隧道开挖是现代交通、水电、矿山、军事工程等大规模基础设施建设中的一项难度大、耗资耗时多、劳动条件差但又十分关键、十分重要的施工作业。隧道开挖一般采用掘进法和钻爆法。前者采用庞大复杂的掘进机，用类似机械切削的方法一次将整个隧道断面成形。这种施工方法特点是掘进速度快、安全。钻爆法的施工则比较灵活，断面适应性好，设备费用相对低廉得多。早期的液压凿岩设备全由人工操作，操作人员熟练程度的差异往往会导致严重的"超挖"或"欠挖"，对工程的成本和工期都会产生不利影响。国外许多厂商都将计算机技术和自动控制技术引入到了新型液压凿岩设备设计中。

● 特殊煤层采掘机器人

目前，一般都用综合机械化采煤机采煤，但对于薄煤层这类特殊情况，运用综合机械化采煤机采煤就很不方便，有时甚至是不可能的。如果用人去采，作业十分艰苦和危险，但是如果舍弃不用，又造成资源的极大浪费。因此，采用遥控机器人进行特殊煤层的采掘是最佳的方法。这种采掘机器人能拿起各种工具，比如高速转机、电动机和其他采爆器械等，并且能操作这些工具。这种机器人的肩部装有强光源和视觉传感器，能及时将采区前方的情况传送给操作人员。

全自动掘进机采用数控技术与机器人技术，能自主定位，可实现无人驾驶，自动开采，具有的无线或有线遥控功能，可实现锚杆自动定位，对煤、岩、硬岩进行自动识别并进行截割，还能高、低速自动转换。

核工业机器人

核工业机器人是为满足核工业特殊要求与使用环境所设计的工业机器人是一种十分灵活,能做各种姿态运动以及可以操作各种工具的设备,对危险环境有着极好的应变能力。它要完成位置不定、变化多样的工作。一般的核工业机器人需要有这样的几个特点:可移动性,方便穿越和绕过障碍物;有摄像机和传感器设备,有很好的侦察能力;可以快速到达操作地点,有很好的机动性;具有双向控制器,可以快速将状态反馈给操作者。

● 发展核工业机器人的必要性

核工业机器人最早于20世纪50年代开始使用,后逐渐发展成为遥控机器人。运用此项技术可以减少操作者在各种检查和维护处理中所受的核辐射剂量,并能节省替换发电设备,降低运营成本。核工业有很大的破坏力量,同样也可以造福于民,比如到目前为止,世界发达国家都广泛建立和使用核电站,日本核电发电量已经占该国发电量的三分之一。既要发展核工业又要使人们远离核的威胁,那么解决核辐射问题就是解决这一问题的唯一途径。

● 日本核工业机器人

日本是最早开发核工业机器人的国家之一,早期开发的核工业机器人是单轨的,活动范围很窄,只能对某些核设备进行定向的巡检;后来为了扩大工作范围,又开发了履带式巡检机器人,两者都装有摄像机、麦克风设备。进一步又装上了机器手,并应用了人工智能设备,使其性能大大提高。近期日本又研制了一种适用于核实施的机器人,这个机器人长1.2米,宽0.7米,高1.73米,重量约750千克,采用关节式四角步行方式运行,可以上下台阶,越过障碍物,甚至钻进狭窄空间,机械手上装了多个感觉传感器,能够将指头上微小感觉传给操作者。具有高度的适应性和高度的操作灵活性,适用于核设施维修工作。

现在世界上的核工业机器人已经有几百台了,然而这些机器人大多缺乏感知功能（如视觉、听觉、触觉等），手的灵巧性也不够。应对核工业的恶劣环境影响的能力还有待提高。这些都是发展新型核工业机器人所要克服的困难。

食品工业机器人

在现在的社会里，机器人的使用范围越来越广泛，即使在很多传统工业领域中人们也在努力使机器人代替人类工作，在食品工业加工行业就是如此。目前人们已经开发出的食品工业机器人有：包装罐头机器人、自动午餐机器人和切割牛肉机器人等。

食品的卫生状况与人体健康密切相关，所以在食品加工过程中，对于卫生条件的要求非常严格。就目前情况来看，食品加工厂的生产过程多采用人工操作，这是直接造成食品污染的根源。想要解决这个问题，就要避免人体在加工过程中直接接触食品，提高生产线的自动化程度。食品包装机器人之所以受欢迎，主要是因为它们具有的灵活性。可以满足消费者各种不同的要求，食品包装机器人比传统的包装设备更能适应不同尺寸和形状的包装物。例如，一条生产两种包装量的薯片生产线，只需要一个机器人就能完成胜任，操作人员只需要调整一下抓手即可，而传统设备则需要调整更多的零部件。

● 肉食食品加工机

肉食对人们的生活来说是不可缺少的，但一提到屠宰厂，人们就会联想到满地血水，工人们穿着高腰雨靴，宰杀牛、羊的场面。随着科技的发展，在一些国家，机器人已经代替人从事屠宰工作。比如在荷兰就已应用了MPS公司设计的肉类加工工艺的控制系统。这个系统的最大的亮点是机器人自动加工线，它是完全根据屠宰加工需要设计而成的，将开胸造成的粪便污染率由人工操作的1.5%降低为0.3%，总污染率降低了75%，有效地改善了肉类产品的卫生质量。同时货价期（冷却肉）的延长和屠宰效率的提高，还可以为肉类加工企业节省劳动力，降低生产成本。

另外值得一提的是这套系统的全套屠宰生产线解决方案，它包括了从待宰圈到冷却间的全套生产线解决方案和不同剥皮解决方案。为适应全球客户工业化程度的不同特点，该系统还配备了屠宰加工能力从100头/小时~1000头/小时不等的多种方案。

● 食品包装机器人

包装机器人首先把从传送带传送过来的糕点抓住，再把糕点部分重叠并装入包装纸盒内。机器人运动轴有相应的防护措施，可以有效防止糕点屑掉到运动轴上；这套机器人设备能适用3种传送糕点方式、5种不同形状和体积的包装盒以及对于不同形状和体积的糕点的码放。在更换不同品种糕点时机器人系统的停机时间最长不超过5分钟。它可以每小时处理12000个糕点，每天可工作24小时，每周可工作6天。

超微机器人

机器人自从问世以来，科学家们一直不断地在潜心研究，意在扩大机器人的应用领域。对超微机器人的研究在20世纪80年代就取得了相当的成就。1988年5月27日，美国加利福尼亚大学的华裔研究生研制出了只有76微米的微马达。1991年11月，日本电子公司的科研人员在当时最先进的"电子隧道扫描显微镜"下，用"超微针尖"将硅原子排成金字塔形的"凹棱锥体"，它只有36个原子那么高，这是人类首次用手工排列原子，在世界原子物理界引起轰动。

机器人自20世纪60年代中期开始被大规模用于工业生产以来，现在其种类日益繁多，性能不断改进，应用领域也不断扩大。尤其是进入20世纪90年代后，在半导体技术、光电子技术、传感技术、新材料技术、毫微技术以及自动控制技术的有力推动下，微型机器人开始进入半商业化开发阶段。专家预计，再过5年左右的时间，微型机器人将正式进入市场，并成为一个可带动一大批相关产业的新兴高科技产业。

● 脊椎援助机器人

要使微型机器人能够在人体腔穴内移动，要求是十分严格，其必须拥有足够小的体积，并能够随着人体自身的蠕动而运动，而且具备能够自由灵活发挥作用的动力系统。以色列科学家已经成功地研制出了一种新型的微型机器人动力系统，能以脑髓液为动力在人体椎管中运动。这款脊椎援助机器人穿行于人的椎管之中，能帮助外科医生实行脊椎手术。实际上微型机器人的功能就是一种配有两套传统系统且可以自由游动的内窥镜，在它的头部装有一部摄像头——药丸相机，药丸大的照相机被人服用后进入消化道，随着消化道的蠕动一路走来，它就能一路拍下消化道的情况，根本不需自己的动力系统。新机器人也是靠脊髓的推动来移动、拍照、做检查。

● 分子级超微机器人

英国牛津大学的一个研究小组制造出了一款分子级的超微型机器人，它的"手脚"皆由DNA细丝构成，具有独立行动的能力。生物学家们很久以前就发现，分子能够沿着某些特定的细胞内部结构运动。他们曾尝试着采用人工方法制造出类似的分子运输结构，但此前还从未有人制造出与自然状态下分子功能类似的人造产品。英国牛津大学制造出的这款"分子机器"的性能在很多方面都超越了先前的产品。这部分子级机器人由两条相互连接的"腿"构成，而这两条"腿"则由DNA片段制成。分子机器人的两条"腿"能够附着在特定的DNA序列上并沿着它缓慢地移动。

这种超微型机器人的运动能量来自一些游离于周围体液中的专门分子。当然，要想完成"能量补给"，还必须借助催化剂，充当这一角色的正是机器人的"腿"。当机器人的"腿"离开DNA表面后，便能够帮助机器人从那些特殊的分子处获得能量补充。此外，除了要保障分子机器人获得持续的能量补充，还必须保障它的两条"腿"能够沿着一个方向运动。为此，研究人员将它的"腿"设计成只能向前移动。这种分子机器人还存在着一些缺陷，即它的"腿"在行进时有可能会失控。

工程中显神威

工程智能机器人

随着智能机器人的不断问世,对机器人的每一项研究成果都将成为自动化技术向纵向发展的标志之一。也许在不久的将来,智能化机器人在社会上的各个领域都会发挥越来越重要的作用。而将智能机器人应用于各种工程,这就是工程智能机器人。

工程智能机器和人一样具有智慧,有着模仿人类思维的工程控制与信息处理系统。一个技术成熟的机器人可以具备像人一样感知能力、推理能力、规划能力以及会话能力。可以像人一样接受外界的信息,并根据自己思维能力判断做出相应的动作反应。智能机器人可以分为工业机器人、初级智能机器人和高级智能机器人三类。工业机器人只能死板地按照人给它设定的程序工作,自己不能对所做的工作做相应的调整。如果要改变机器人的工作内容,必须由人对其程序做相应的改变,因为它是毫无智能的;初级智能机器人具有像人一样的感知、识别、推理和判断能力,可以根据外界条件的变化,对自己做相应调整。不过,修改程序的原则是由人预先确定的。这种初级智能机器人已拥有一定的"智力",虽然还没有自动规划能力,但初级智能机器人也开始走向成熟。其实用水平接近人类要求。智能机器人和初级智能机器人一样,所不同的是,修改程序的原则不是由人确定的,而是机器人自己通过学习,总结经验来获得的,所以它的智能高于初级智能机器人。这种机器人已拥有一定的自动规划能力,能够自己设定程序工作。它可以不用人的照料,完全独立地工作,故称为高级自律机器人。这种机器人也开始走向实用。

● 机器人"格雷斯"

世界上首位有思维能力的机器人叫"格雷斯",它曾经参加过加拿大召开的一个人工智能研讨会,从而引起了业内的极度关注。它的外形并不像它的名字那么优美，它有着一个圆筒般的身材，没有手也没有脚，只能靠轮子移动。它心形的卡通式的脑袋上有着一双又圆又大的蓝眼睛，显得格外可笑，因此"格雷斯"的设计者们会对它做了进一步的改进。"格雷斯"非常聪明，可以接受外界的信息，举手投足都非常优雅，能"彬彬有礼"地给人让路，跟人谈话时还面带笑容。它的主要本领是有思维能力，能够与人沟通。

"格雷斯"智能机器人不仅能广泛收集信息，并迅速做出反应，还能避开拥挤的人群，不与人相撞。它身上的摄像系统和语言识别软件可以帮助它分辨人类的手势，并与人交谈。"格雷斯"因此获得了2002年度的"人类机器人互动奖"。

"格雷斯"智能机器人能够理解人类语言，用人类语言同操作者对话，并在它自身的"意识"中形成与外界环境沟通的能力。它能分析出现的情况，调整自己的动作以达到操作者所提出的全部要求，能拟定所希望的动作，并能在信息不充分的情况下和环境迅速变化的条件下完成这些动作。这个机器人能独自行走和拿起一定的物品，能"看到"东西并分析看到的东西，能服从指令并用人类语言回答问题，更重要的是它具有"理解"能力。

高压线作业机器人

人工带电作业是一项艰苦而危险的高空作业，因为带电操作过程中操作人员时刻处于高压、强电场的威胁中，极易引发人身伤亡事故。高压线作业机器人的问世，从根本上减轻了作业人员的劳动强度，保证了操作人员的人身安全。

● 高压线自动巡线机器人

电能传输必须依靠高压输电线路。由于输电线路分布点多、面广，所处地形复杂，自然环境恶劣，电力线及杆塔附件长期暴露在野外，易受到持续的机械张力、电气网络材料老化的影响而产生断股、磨损、腐蚀等损伤。所以，必须对输电线路进行定期巡视检查、随时掌握和了解输电线路的运行情况，线路周围环境和线路保护区的变化情况，以便及时发现和消除隐患，预防事故的发生，确保供电安全。传统的人工巡检方法不仅工作量大，而且条件艰苦，特别是对山区和跨越大江大河的输电线路的巡检，存在很大的困难，甚至有一些巡检项目靠常规方法难以完成，因此，利用机器人进行自动巡线成为保障线路安全运行的一种必要手段。

20世纪80年代末，国外就开始研制高压线作业机器人，到目前已取得了较大进展。高压线巡线机器人是一个复杂的机电一体化系统，涉及多个科技领域。它可沿高压输电线路自动完成线路的巡检任务，其灵巧的机械结构，能在高压输电线路上按要求的速度平稳运行；它具有一定的爬坡能力，能够灵活地跨越高压线路上的防震锤、耐张线夹、悬垂线夹等障碍并能够跨越弓子线和转弯；虽然它体积小、重量轻，但必须提供足够的空间安装携带电源和仪器；在故障发生时，它可以靠自锁防止机器人摔落。工作人员将它挂上高压线路后，机器人就可以自己"握住"高压线，沿线滚爬作业。同时机器上的红外探头还会对线路和周边环境进行数据收集，检测出输电线路的损伤程度。

● 变电站设备巡检机器人

设备巡检是变电站工作人员的一项重要日常工作，直接影响到安全生产。2005年10月，我国第一台"变电站设备巡检机器人"开始在济南市长清区50千瓦变电站投入运行。以前，工人对运行设备的巡检主要通过看、触、听、嗅等感观进行判断。在巡检中工作环境最恶劣、工作量最大的是给运行设备测温。每到用电高峰，运行设备一发热，运行工人就需要在现场用手持式红外点式测温仪进行测温，以防温度超标。尤其在高温季节，测温任务更繁重，工作环境差且工作量大，是最让运行工人头痛的事了。巡检机器人不仅可以对多个指定设备进行巡检，也可以对有缺陷运行的设备进行实时监视和检测。还能把拍摄的红外和可见光图像、数据经过处理后，通过无线网络传输给后台电脑保存，以便以后查阅或实时监控。在输电线上带电作业，避免了人工操作中的伤亡风险。此外在遇到恶劣气候及复杂地形时，人力往往难以完成检修任务，这时它的大显身手可以帮助人们快速地检修。

光缆铺设机器人

深海中，寂寞的光缆支撑着人们沟通的网络世界。目前，我国在深海光缆铺设技术领域里获得了重大突破，光缆已能铺设到水深5000米的地方。这些光缆究竟是如何被铺设到如此之深的海底？身居海底，它们是否携带特殊的装备？专家介绍说，海底光缆穿着厚厚的铠甲，只有带着各种装备的机器人才能将它们安顿在海床上。

在以前，海底光缆主要靠潜水员埋设。天气不好或者水急的时候，潜水员都不能下水，一名潜水员每天只能工作2~3个小时，埋设光缆的进度很缓慢。如今，水下光缆铺设机器人已经全面替代了潜水员，埋设光缆的深度也由最初的七八十厘米，提高到了几米。近海的海底光缆普遍深埋在海床3米以下。铺设海底光缆的机器人不只一种。有的机器人负责探测故障，有的负责带着高压水枪之类的工具进行冲埋，还有在海下进行具体操作的机器人，长着机械手，可完成夹光缆之类的简单动作。

● 海底光缆铺设"野兽"

海底光缆经常出问题，被捕鱼的网或拖曳的锚扯断是常有的事。要想修复受损的海底光缆，难度是很大的。潜水员很难在短时间内找到受损的光缆，这时海底光缆铺设机器人就可以大显身手。比如在修复连接英国和爱尔兰的光缆时，就使用了海底光缆铺设机器人"野兽"进行修复操作。

"野兽"的操作臂抓住光缆，干净利索地切断，并将两端都带到水面。在船甲板上，它们修好光缆并照X光进行检查（就像接骨手术一样，得确保光缆接合准确），然后进行测试，再放到海底去。

"野兽"有点像月球车，工作地点位于水下超过1610米深的地方，采用履带在海底行进，或者，必要的时候也可以利用推进器像气垫船那样"飞"过峡谷地带，最高时速达5556米。操作人员可以通过一个操纵杆控制"野兽"，利用其声呐、摄像机和金属探测仪来定位受损坏的光缆。要想在海底抓住一条光缆就像戴着棒球接球手套在大风雪中捡起一根丝线，因此要让"野兽"保持在光缆上方非常困难。能见度几乎为零，这就意味着仅仅是找到光缆本身就是一个艰难的过程。不过，这还不是最艰难的，按照科学家的说法："抓住并切断是最棘手的，就好像是一次要求非常精密的海底手术，你的动作要干净利落。"

● 下水道里展神威

美国人发明了用一种名为"下水道进入模块（SAM）"的防水机器人来铺设光缆。使用这种机器人铺设光缆的最大好处是：施工时不用挖开地面，也不会造成交通堵塞。"下水道进入模块（SAM）"是一个长度不超过1米的圆柱形机器人，外形又细又长、像一根麻秆。它有红色的电驱动的"脚"，可以在人的操控下，在地下爬行，铺设光缆。

SAM一般在晚上工作。因为工作人员需要打开地面上的下水道井盖，而且，晚上污水较少，也便于SAM工作。这种机器人在下水道里简直是"如鱼得水"。由于具有极强的防水功能，它可以在4米深的水下铺设光缆，非常适合在阴暗潮湿的环境下工作。更重要的一点是——它没有嗅觉，不会像人一样闻到下水道的恶臭就无法工作。使用SAM的工作过程是：先由3名工作人员由任一城市下水道口将SAM放入下水道。安装在SAM"头上"的录像机就会像施工人员的眼睛，观察周围的情况。SAM进入下水管道中后，在人的操控下会向前推动，并安装光缆。一台SAM一个晚上能铺设300米长的光缆。

现在的人们已经不能离开网络了，网络的应用已经深入到当今社会的各个领域，影响着人们生活的方方面面。未来人们将利用光缆铺设机器人铺设更多的光缆，进一步扩大网络的覆盖面。

挖掘机器人

为了提高挖掘机的工作效率、改善其工作特性、缩短循环周期、降低能源消耗、改善工作环境及减轻操作强度，挖掘机器人无疑是未来的发展方向。

● 水下挖掘机器人

近年来，我国经济持续高速发展，但由于国民环保意识的淡薄导致我们的生态环境日益恶化。特别值得一提的是水土流失、江河湖泊淤积比较严重。这些情况都能导致河道排涝不畅、供水、抗旱能力下降，航运萎缩，水质污染等环境状况的恶化。

当前机械电子技术的发展程度证明水下清淤机器人的功能是可靠的，巨大的市场空缺以及水下机器人本身具有的优点让它具备了极强的市场竞争力。当今世界水下疏通已成为使用电子技术及计算机控制的技术密集型行业，目前，这个领域最普遍使用的是水下挖掘机器人，可满足大型江河湖泊中各种不同需求。现在水下挖掘机器人的技术已经相当成熟，它们的工作效率高，极大地改善了水环境治理的现状。它主要由高压水泵、水管、水枪及输泥管部分组成。水力挖掘机主体泵采用自吸式泥浆泵，动力源为内燃机。机器人车体采用四轮结构，轮子用耐磨、耐腐蚀的合成橡胶制成，并在其表面加设花纹以增大摩擦力。车体前部装有作业刀具，用于挖掘树枝及钙化物等淤积物适用于开挖淤泥及砂质土壤的河床。

● 液压挖掘机器人

液压挖掘机器人在矿山、建筑业等领域中有着非常广泛的应用。液压挖掘机器人主要由发动机、液压传动系统、工作装置、行走装置和电气控制等部分组成。液压传动系统由液压泵、控制阀、液压缸、液压马达、管路、油箱等组成。电气控制系统由监控盘、发动机控制系统、泵控制系统、各类传感器、电磁阀等组成。根据其构造和用途可以分为履带式、轮胎式、全液压、半液压等多种类型。液压传动系统通过液压泵将发动机的动力传递给液压马达、液压缸等执行元件，推动工作装置工作，从而完成各种作业。特别是履带式液压机器人具有负荷传感斗杆油缸回油补偿控制系统及回转缓冲阀控制的便捷的维护系统，可在地面进行简便的操作。集中布置在一个单独的箱体内的电器元件，采用的是高效双滤芯空气滤清器，保证了发动机的供气质量。油水分离器及两级燃油滤清器，将燃油多次过滤，保证了发动机的供油质量。计算机辅助功率选择系统使发动机和主泵的功率发挥到最佳状态，使燃油消耗降低。同时，它还具有自动怠速、自动发动机过热保护、再启动防止系统等功能。

喷浆机器人

喷浆就是喷射混凝土。凡是从事过隧道工程的人都知道喷浆是矿山巷道、铁路公路隧道、水下隧道、地下建筑、道路边坡等施工中所采用的一种支护方法。与传统的木材、钢梁支护方法相比，喷浆支护不仅可以节省大量木材和钢材，而且具有施工速度快、支护效果好等优点。

● 传统喷浆

在用人工喷浆时，回弹造成的飞沙走石使工人不敢抬头睁眼，致使无法保持喷枪与受喷面垂直，也无法使喷枪口与受喷面保持最佳距离。这样，不仅会造成混凝土的回弹率高，浪费材料，还会因为混凝土的结构疏密不一，而不能保证喷层的质量。另外对于大断面隧道，人工喷浆需要搭脚手架，这样不但影响施工进度，且费工费料。所以，现在国内外都采用机器人喷浆。

● 机器人PK人工

使用"钻爆法"开挖出隧道或巷道，在其顶部和两旁的岩石上喷射一层混凝土，混凝土凝固后，就起到了支护作用。机器人喷浆与人工喷浆相比，回弹率明显降低。机器人喷浆，喷枪能够与受喷面一直保持垂直，喷枪口与受喷面距离能保持在1米左右，特别是喷拱部时，仍能很容易地做到这些，这些是人工喷浆做不到的，另外操作者可站在风筒口附近等安全、无粉尘的地方，基本脱离了作业现场；简化操作，控制系统，大大降低了成本，增强了与人工的竞争力。喷浆机器人可用于一切需要喷浆的工程中，如：铁路、公路隧道、矿山巷道、水利和水电的隧洞和涵洞、地铁以及各种地下（军用、民用）建筑等。

喷浆支护是目前世界上广泛流行的支护方法，已取代了传统的木材和钢梁支护，大部分取代了砌碹。大型喷浆机器人的运载装置是起重机底盘。它主要由驾驶台、行走底盘和支承油缸等组成。其主要功能是实现机器人在工程现场的工位间转移和在喷浆现场实现机器人可靠的定位。

● 工作原理

喷浆机器人的喷枪主要由加长杆、液压油缸、摆动连杆机构、液压马达、曲柄滑槽连杆机构、送料管、压风管、速凝剂管和喷嘴等组成。用来实现喷枪口的画圆运动和喷枪身前后姿态的调整。驱动头部分主要由伺服控制液压马达、一对涡轮副和旋转变压器组成，主要是用来调整喷枪口的指向。小臂主要由小臂体、支承架、小臂体行走驱动油缸、小臂调姿油缸连杆机构等组成。大臂部分主要由基臂、伸缩臂、伺服控制的调幅用液压油缸、伺服控制的伸缩用液压马达、一对液压平衡油缸、两个旋转变压器及驱动旋转变压器的传动机构等组成，其功能是调整喷枪的上下起降运动。回转台部分功能是实现大型喷浆机器人腰部的转动。

采用喷浆机器人喷浆的作业速度快，效率高，省物料，环保好，作业时工人基本不受粉尘的威胁，还能改善工程的质量。目前我国每年在公路和铁路方面要开挖出几百千米的隧道，特别是在重点地区，为适应车速越来越快的发展趋势，线路尽量少拐弯，所以隧道的开挖量更大。由于喷浆的环境恶劣，对工人的危害大，劳动强度高，效率低，而且不能保证质量，所以采用机器人喷浆，既能减少物料的浪费和提高工效，还能提高工程质量，显著增加喷层质量。

随着我国经济的迅速发展以及人们自我保护意识的加强，机器人喷浆一定会在隧道工程支护上大显身手。

管道作业机器人

随着交通、能源、石油、化工以及城市建设的高速发展，实施管道工程与管内作业机器人将会有更高的要求，其应用也将更为广泛。

城市排水管道的检修和疏通作业一直是困扰城市居民日常生活和工业生产的难题。主要是因为排水管道埋于地下，污水中杂质含量高，能见度低，排水管底部有大量淤泥，常规作业很难适应其要求，不便于人工清理。于是，人们就想到了用机器人来完成这种工作。管道机器人属于特种机器人范畴，其主要用于在管内或管外实施作业。管内作业机器人可以沿管道内壁自动行走，并携带各种检测仪器和操作工具，在操作人员的遥控下可自动完成腐蚀程度、裂纹、焊接缺陷的探测，以及补口对接焊缝防腐处理、防腐层缺陷处理等作业。

● **我国最新管道机器人**

管道清洗机器人可用于中央空调管道或除尘管道的清扫、消毒、喷涂、摄像检测等。头顶安装小型镜头和2个照明灯，脚下是4个"强壮"的黑色车轮，背后插着两根电线，这就是我国最新引进的管道电视检测设备。

近年来，北京市政府高度重视水污染治理和污水资源化工作，进行了大规模的排水设施和再生水设施建设，通惠河、坝河、清河、凉水河水系的水污染治理已取得了成效，使城区水环境得到了改善。借助管道机器人在水管道中的"巡视"，地下管网"健康"状况可以一目了然。该机器人自带光源，"眼睛"是一个高分辨率彩色摄像头，"脑袋"可360°旋转、升降，后面拖着一条长长的传输线，管道外人员通过控制箱操作，指挥它在地下工作。随着它的行进，管道内壁的录像实时传输到控制箱的显示器上，连一条小裂缝都看得清清楚楚。机器人在排水管道中"巡逻"，利用它头顶上可旋转360°的镜头观察出管道的异常现象，第一时间发现问题排除隐患，保障排水系统正常稳定地运行。

它可在直径300~1500毫米的各种管道中灵活穿行，还能绕过小障碍物。一次可检查250米管道，只需30分钟左右。最能显示其科技含量的是机器人进行检测的同时，所有数据均同步传输到控制终端，并生成当地卫星图，管道受损、淤塞及严重程度等均有标记。

● **机器人的移动**

机器人的移动结构形式主要取决于移动环境。移动机器人大多是针对陆上表面环境的。特殊表面环境专指地面环境以外的其他表面环境，如壁面、管道内外表面等。能在表面环境中移动的结构形式主要有：车轮式、履带式、腿足式、步进式、蠕动式和蛇行式等移动结构，分别适用于各种不同的场合。移动机器人一般是采用轮式移动结构，其由左右两侧两条轴轮负责支撑整个机体，前进、后退、转弯通过调整两侧轴轮的运动方向和转速来实现。这种移动结构在管道接头部分或者管道里污垢沉积较多时就不能行走自如。履带式移动结构适合于未加工的天然路面行走，它是轮式移动结构的拓展，履带本身起着给车轮连续铺路的作用。相对于轮式结构，履带式移动结构有着较多的优势，支撑面积大，接地比小，适合在松软或泥泞场地进行作业；下陷度小，滚动阻力小，通过性及越野机动性能好；履带式支撑面上有履齿，不易打滑，牵引附着性能好，有利于发挥较大的牵引力。后来出现了三轮式的管道机器人，这是最开始研究圆管管道机器人时常用的结构。这种结构不能很好地适应管径，并且不容易通过弯管。

经过多年的艰苦工作，移动机器人已实现了多种用途的管内作业，可广泛地应用于长输管道工程的射线检测，有极大的应用前景。随着新用途的不断开发和更大范围的推广，将产生更大的社会效益和经济效益。

爬壁机器人

目前，城市建设飞速发展，出现了大量的玻璃墙体建筑，玻璃幕墙的清洗、墙面喷涂等垂直壁面作业超出人的极限，而爬壁机器人可以代替人来实现壁面作业及一些高危环境、复杂环境下的作业。

● 表面清洗机器人

身手敏捷、带着吸盘的机器人清洗工以每分钟移动2米~10米的速度，迅速爬上70米的高楼，与那些腰拴绳索的高楼清洗工并肩上岗。这不是电影中的"蜘蛛侠"，而是由我国研制成功的对高层建筑表面进行清洗的机器人。

它可调整速度上下左右地移动进行喷雾、刷洗、多层橡胶板刮洗等高效的清洗工作，相当于4个成熟工人的工作量。作为第二代清洗机器人，23.2千克的体重使它不但便于遥控，爬高能力也可达到70米。尽管如此，机器人的清洁效果还不是非常理想，虽然在机器人的设计中包含了可以适应弧形壁并跨越沟槽的功能，但从使用过程中看，该机器人适用的范围还比较有限，除了平整的玻璃幕墙外，对弧度稍大或者是表面有障碍的特色建筑，清洗起来有一定难度。但它仍然有可能取代低效率、高风险的人工清洗方式。

除了清洗大楼，这种机器人还可携带检测设备，进入对人体有害的环境中，检查放射性废液储存罐的焊缝缺陷及壁厚变化，也可应用于石油化工行业各类大罐的安全检查、除锈、喷漆以及高层建筑的清洗等方面。移动中可靠吸附，进行全方位移动，可在合金钢罐上超声测厚、探伤、以及抗倾斜行进，该机器人能在弧形壁罐上下左右爬行和斜行，并按照要求进行检测；可跨越5毫米~10毫米的焊缝，可爬直径大于6米的弧形壁罐，完成作业后，可自动从罐上爬下，进入运载小车。还可以在金属罐壁爬行，它的负重在40千克以上。

油田拥有成百上千的金属罐，每年要新建上百个金属罐，这些大罐长年在野外，防腐喷漆作业任务量很大，人工作业需搭脚手架，费工费时，这时爬壁机器人就可以大显身手。使用爬壁机器人除锈喷漆，可以省人力，提高工效，具有广阔的应用前景。

● 爬壁的工作模式

爬壁机器人必须具备吸附和移动两个基本功能。采用真空吸附形式吸附壁面，吸盘贴近壁面时受挤压力作用排出空气实现真空吸附，脱离时空气单向阀打开与大气相通吸附力消失脱离壁面。在爬行方式上机器人使用两组8个吸盘，8个吸盘结构能够保证整个机器人达到自身稳定，两组吸盘可以在曲柄连杆机构带动下交替运动，克服了其他机器人爬行速度慢的缺点，具备更好的越障性。在整个机构下方安装的圆盘式转盘可以实现爬壁机器人原地360°旋转，具有更好的方向性。机器人采用单片机控制，操作简单。这套机器人关键点在于两组吸盘交替吸附，圆形转盘的转动及转向控制。机器人在光滑墙体或其他光滑表面可以实现爬行及转向。在机器人上安装适当的辅助设备可以用于各种高大建筑壁面作业，如玻璃墙的清洗、墙面喷涂等场合。

● 爬壁侦查机器人

以往在侦查时，犯罪分子隐藏在房间内部，外面的反恐人员很难了解到房间内的情况。这时，反恐人员可以为爬壁机器人配备侦查设备，利用遥控装置控制其悄无声息地沿壁面爬到便于侦查的位置。爬壁机器人再用摄像机把拍到的房间内部图像，通过无线传输装置实时传到数百米外的移动基站，为反恐人员判断形势、做出决断提供现场依据。

太阳能机器人

人类对太阳能的利用已有三千多年的历史。我国早在两千多年前的战国时期，就知道利用青铜制的四面镜聚焦太阳光来点火；利用太阳来干燥农副产品；将太阳能作为一种能源和动力加以利用。真正将太阳能作为"近期急需的补充能源"、"未来能源结构的基础"，则是近代的事。发展到现代，太阳能的利用已日益广泛，利用太阳能为动力的机器人也随之产生，并被应用到各个领域中。

● 太阳能机器人

2005年，首个太阳能水下机器人问世。这种机器人设备长2米，宽1米，是作为河流水系检测设备系统的一部分。这种检测系统能帮助科学家改进监控河流、湖泊和水路中物质流动的方式，还可以保持这些区域的安全。

这种机器人与其他自动水下机器人的不同之处在于它的电池。其他机器人每4小时~8小时就必须从水中拉上来重新充电，而这种以太阳能为能量的机器人则只需要在潜到水下500米深处之前，浮到水面一会儿就可以继续工作。在试验中，它能够在水中待10天以上的时间，并且一直都保持着运转状态。这种机器人有一个薄薄的边缘，看上去就像是一张有宽翼的大船。它暴露在表面的部分几乎都覆盖有太阳能电池，为这样的设备充满电只需要在阳光下晒6小时~8小时。沿着这艘"船"的腹部有一条管状结构，这里安装着检测所需要的电子设备、发动机和电池。此外，它还带一个"鼻子"。这个鼻子能不断地与水接触，上面的微型传感器能够每15秒记录一次化学和生物信息。当这艘"船"按照预定路线前进时，它能够根据自己身上的传感器发现前方物体而改变自己的巡航路线。当"船"潜入水下后，它还能够用声呐发回状态报告和有限的数据。而在水面时，则能够通过天线向交流站发回数据。

● **美国太阳能火星探测机器人**

1997年7月4日，美国航空航天局（NASA）发射的火星"探路者号"宇宙飞船成功地在火星表面着陆，"探路者号"飞船首次携带着机器人车登上了火星，这就是闻名世界的"索杰纳"火星车。"索杰纳"的任务是对登陆器周围进行搜索，重点是探测火星的气候及地质方面的数据。

"索杰纳"是一辆自主式的机器人车辆，同时又可从地面对它进行遥控。该车的尺寸为630毫米×480毫米，车轮直径13毫米，上面装有不锈钢防滑链条。机器人车有6个车轮，每个车轮均为独立悬挂，其传动比为2000：1，因而能在各种复杂的地形上行驶，特别是在软沙地上。车的前后均有独立的转向机构。正常驱动功率要求为10/瓦时，最大速度为0.4米/秒。"索杰纳"是由锗基片上的太阳能电池阵列供电的，可在16伏电压下提供最大16瓦的功率。它还装有一个备用的锂电池，可提供150瓦/时的最大功率。当火星车无法由太阳能电池供电时，可由它获得能量。"索杰纳"携带的主要科学仪器有：一台质子x射线分光计（APXS），它可分析火星岩石及土壤中存在哪种元素。APXS探头装在一个机械装置上，使它可以从各种角度及高度上接触岩石及土壤的表面，便于选择取样位置，它所获得的数据，将作为分析火星岩石成分的基础。

● **太阳能割草机**

美国环境保护机构表示，目前，对割草机的气体排放控制标准与汽车的气体排放控制标准并不一致。这种不一致直接导致人们在修整院子时由割草机排出的一氧化碳、碳氢化合物、氮氧化物成为地表臭氧的主要来源。

瑞典一家名为Husqvarna的公司，制造出了一种混合太阳能自动除草机来解决这一问题。它是世界上第一款部分利用太阳光作为能源的自动除草机。这款割草机的除草范围可达2100平方米，甚至还能在斜坡上工作。

这台割草机的自带太阳能电池在充电45分钟的情况下能连续工作1小时（在太阳光充裕的时候时间更长），而且这款割草机在除草时除了碎草渣之外没有任何废气排出。

随着科技的发展，对太阳能机器人的研究将进一步深入，未来将会有更多的太阳能机器人应用于科学考察、空间探索、深海探秘、农业生产等各个领域。

危险作业机器人

在人们生产和生活中，有一些作业严重威胁着人类的健康和安全。如火山研究考察和开发，火灾救护和消防。为了减少人类为完成危险任务所承担的风险，人们便研究出用来承担各种危险作业的机器人。美国机器人工会还专门成立了"危险环境作业机器人分会"，用来专门研究这种机器人。目前，我国已研究出排爆机器人、消防机器人、救援机器人等。

● 排爆机器人

我国的排爆机器人是"秘密武器"中的明星，它可用于各种复杂地形进行排爆。具有出众的爬坡、爬楼能力，能灵活抓起多种形状、各种摆放位置和姿势的嫌疑物品。最大爬坡能力为45°，可远距离连续销毁爆炸物。还配有可遥控转动彩色摄像机，其中大变焦摄像机可128倍放大，确保观察无死角。目前，它在国内同类装备中处于领先地位，只有少数城市拥有这种机器人。

排爆机器人外形酷似火星探测机器人。它的结构十分紧凑，车轮外覆盖着抓地橡胶履带，移动非常迅速。排爆机器人的身上带有多个摄像头，这就是它的"眼睛"。机器人通过"眼睛"把看到的现场传输到遥控装置的液晶显示屏上，操作人员通过显示屏上的情况进行操作。同时，排爆机器人还配有红外线夜视系统，可以在夜间进行排爆。它有一条长"手臂",遥控器的最远控制距离约100米,通过对遥控器上各种按钮的操纵,机器人张开"手掌"将模拟爆炸物抓起,快速地运送到几十米外的排爆罐中,它可以抓起重达80千克的爆炸物,机器人还有一条备用的延长手臂可以抓取高处、远处的爆炸物。

● 其他特种机器人

消防机器人属于特种机器人作业范畴,它作为特种消防设备可以替代消防队员接近火灾现场实施有效的灭火救援作业,开展各项火场侦察任务,尤其是在危险性大或者消防队员不易接近的场合。一旦事故发生,假如没有有效的方法、装备及设施,救援人员将无法进入事故现场,而要贸然采取行动,往往只会造成无辜生命的牺牲,付出惨重代价。消防机器人的应用将大大提高消防部门扑灭恶性火灾的能力,对减少国家财产损失和灭火救援人员的伤亡具有重要的作用。

现在用于特种作业的机器人还兼具有探测及多种作业功能,通过有线或无线控制,能自由上下楼梯、爬坡、钻洞、手臂灵活地抓取和搬运超过15千克的危险品的反恐排爆作业机器人。还有超高压输电线路故障巡检机器人、绝缘瓷瓶带电清扫机器人、变电站故障巡检机器人与高压输电线路带电检修机器人等电力作业机器人,并已在电力系统中投入使用。

随着经济建设的发展,野外特种作业非常多,这些作业不仅劳动强度大,而且具有一定的危险性,于是,各国研制出人类的替身,用机器人来完成这些作业。相信未来研制的机器人会对人类帮助很大。

爬缆索机器人

斜拉桥以其优美的外观及良好的抗震性越来越得到桥梁设计师的青睐。我国自1975年在四川云阳建成第一座斜拉桥之后,至今共建成40余座斜拉桥。斜拉桥的主要受力构件是缆索,但因其长期暴露在大气之中,受到风吹、日晒、雨淋和环境污染的侵蚀,其表面会受到较严重的破坏,这会对整座斜拉桥带来不利的影响。因此,对缆索的有效维护是十分必要的。

● 彩化斜拉桥

斜拉桥以其独特的构型吸引着众多的观光者，为现代化都市增添了一道亮丽的风景线。但人们在惊叹斜拉桥壮观的同时，也发现美中不足的是大多数斜拉桥的缆索都是黑色，色彩的单调影响了斜拉桥的魅力。

彩化斜拉桥的方法有三种，即彩色绕包、全材彩化及彩色涂装，其中彩色涂装是最经济且柔性较大的方法。到目前为止，国内外对斜拉桥缆索进行彩色涂装主要采用两种方法，一种是针对小型斜拉桥使用液压升降平台进行缆索涂装，另一种是利用预先装好的塔顶的定点，用钢丝托动吊篮搭载工作人员沿缆索进行涂装。前一种方法的工作范围十分有限，后一种方法是许多斜拉桥采用的普遍方法。但采用人工方法进行高空涂装作业不仅效率低、成本高，而且危险性大，尤其是在风雨天就更加危险。为此，上海交通大学机器人研究所于1997年与上海黄浦江大桥工程建设处合作研制了一台斜拉桥缆索涂装维护机器人样机。

● 展示平台

斜拉桥缆索涂装维护机器人系统由两部分组成，一部分是机器人本体，一部分是机器人小车。机器人本体可以沿各种倾斜度的缆索爬升，在高空缆索上自动完成检查、打磨、清洗、去静电、底涂、面涂等一系列工作。机器人本体上装有CCD摄像机，可随时监视工作情况。另一部分地面小车，用于安装机器人本体并向机器人本体供应水、涂料，同时监控机器人的高空工作情况。机器人可沿任意倾斜度的缆索爬升，可爬升的缆索标高为160米，缆索倾斜度最高为90度，可适应的缆索直径为毫米90毫米~200毫米，机器人爬升速度为8米/秒。

这种机器人装备有钢丝绳检测系统，可沿缆索检测钢丝是否有断丝，以便及时更换缆索。在机器人本体上配备有各种形状的清洗刷和特定的水基清洗液，可完成缆索去尘、脱脂和去聚乙烯表面静电等工作。这种机器人具有良好的人机交互功能，在高空可以判断是否到顶、风力大小等一些环境情况，并实施相应的动作。另外这个爬缆索机器人的功能也十分可观，它具有沿索爬升功能、缆索检测功能、缆索清洗功能等多项功能，深受人们的喜爱。

● 美国的机器爬升器

美国一家私营公司已经成功地完成了机器爬升器试验。该机器人可以沿着一条系在高空气球上的长带子爬上爬下。从气球上悬下来的绳子是用合成玻璃纤维制作，气球、合成绳和机器人这个"三合一"系统爬升了305米。随着我们对通信系统、射程传感器、全球定位系统卫星以及气温和摄像系统等的进一步发展，机器爬升器一定会达到我们想要的高度。

● 未来的太空梯

未来的太空梯是用一条超强的纳米碳管合成绳从地球一直向太空伸展10万千米。太空梯将被安装在太平洋赤道上的一个海面平台上，在太空中的另一端，合成绳系在一个很小的平衡锤上。机器人升降车，将沿着这条合成绳升降，将卫星和太阳能系统等送入太空，最终达到可以把人送入太空的目的。

● 爬得最高的小小机器人

这个小型机器人高17厘米，重约130克，身上装有2节小型的5号电池，使用内置的小型电机提供动力，沿着从崖顶垂下的绳索攀爬了6个多小时，成功登上美国大峡谷500多米高的峭壁。

雕刻机器人

随着计算机技术的不断发展，其应用领域已经不仅仅局限于绘图、文字处理等范围。在一些特殊行业中，计算机产品开始发挥着它们的巨大作用。传统雕刻是以手工的方式运用刀、斧等工具在木材、石材等基料上进行艺术创作。与机器人本毫不相干。但是随着智能机器的不断开发，电脑雕刻机的出现使得机器人与艺术形成了完美的结合。

● 工作原理

电脑雕刻机（又称雕刻机器人）是CAD/CAM一体化典型产品。电脑雕刻系统集扫描、编辑、排版、雕刻等功能结合于一体，能方便快捷地在各种材料上雕刻出逼真、精致、耐久的二维图形文字及三维立体浮雕。电脑雕刻机由电脑、雕刻机控制器和雕刻机主机三部分组成。其工作原理是：通过电脑内配置的专用雕刻软件进行设计和排版，并由电脑把设计与排版的信息自动传送至雕刻机控制器中，再由控制器把这些信息转化成能驱动的信号（脉冲串），控制雕刻机主机生成x、y、z三轴的雕刻走刀路径。同时，雕刻机上的高速旋转雕刻头，通过按加工材质配置的刀具，对固定于主机工作台上的加工材料进行切削，即可雕刻出在计算机中设计的各种平面或立体的浮雕图形及文字，实现雕刻自动化作业。电脑雕刻机在雕刻立体文字及花纹图案时具有提笔及清角功能，使雕刻出的文字及图案具有斧凿刀刻之真实感。其三维雕刻功能还能利用扫描仪将平面图案、图像输入后，经过数字化处理，根据图象灰度或颜色自动生成雕刻深度、曲面特性和走刀路径，加工出凹凸有致的浮雕图案。图像细腻，质感强烈，形象逼真，非常适合于装饰礼品、灯光标志器、工艺品的制作。雕刻软件具有强大的图形编辑功能，包括移动、复制、旋转、比例、伸缩、倾斜、镜像及各种特殊变化功能，能自动编排出所希望的版面。另外，用户还可以借助数字化仪或扫描仪，方便地输入自己所要的图案和特殊文字。复杂的设计编排只需通过简单的键盘或鼠标操作即可完成，而设计的结果又可被储存，可随时复制出完全相同的雕刻制品。

● 不断完善

电脑雕刻机的应用领域十分广泛，而且，随着各类新型装饰材料的不断出现，能用于雕刻的材料也越来越多，使得电脑雕刻机有了更大的用武之地。随着计算机技术的发展，科学家们结合工业机器人的运动学特性，最新研制了一种五自由度关节式雕刻机器人。这种五自由度雕刻机器人能加工出传统直角坐标数控雕刻机难以完成的复杂雕刻，灵活性高，而且定位机构的尺寸相对要小得多，制造成本较低，非常适用于各种雕刻工艺的使用。可以说是世界上最先进的智能化雕刻机。

工程轨道机器人

火车是世界上最重要的交通运输工具，特别是在幅员辽阔的我国，铁路是主要的交通命脉。在火车运行中，铁轨的累积载重和磨损都相当严重，为了保证运输安全，就必须定期更换铁轨，而铁轨是用螺栓固定在枕木上的，螺栓的布置相当密集，大约100米轨道上就需布置300多个。换轨时拆卸、装螺栓的工作就成为艰苦、单调、重复的体力劳动，换铁轨机器人的发明和使用解决了这一难题。

● CPG500型长轨条铺轨机

CPG500型长轨条铺轨机组，吸收了国内外现有长轨铺轨机组的优点，并有效地克服了他们的不足，采用了大吨位牵引、轨道铺设质量控制，确保铺轨机组的安全性与可靠性等关键技术，具有牵引力大、轴重小、自动化程度高、适用范围广、铺设精度高、对道床扰动小、综合作业效率高、挂运速度快、可靠性高、拥有我国自主知识产权等特点，能满足我国高速铁路一次性铺设无缝线路的要求。这种铺轨机组采用单枕连续作业法，铺设由Ⅱ型或Ⅲ型轨枕、长度100米~500米、轨重60千克/米长轨条组成的标准轨距轨道。

长轨铺设将采用散枕连续铺设机，一改过去轨排法施工的传统施工工艺。该铺轨机的作业方法主要是采用群枕铺设法，用轨枕铺放机每次从轨枕车上取20根轨枕运至铺放地段，并按规定的行距准确地铺放，预先在待铺轨道两侧铺一段宽约3.45米的辅助轨道；再用牵引车将长轨从钢轨运输车中拖出，按3.45米的距离置于线路两侧，并与辅助轨连接，作为铺轨机走行轨道；用收轨机将两侧钢轨收至轨枕上；安装钢轨扣件，固定轨道。

● 铺轨机器人

在郑西客运专线大桥施工段工程中，有一组大型施工机每天都缓慢行驶并工作。这种机械被人们称为是"铺轨机器人"、铺轨机器人每天能铺轨400多米，在郑西铁路施工段上大显身手，使铺轨进度大大提高。

现代铁农民

耕耘机器人

近年来，全国农业科技部门和科技工作者大力实施科技兴农和可持续发展战略，使我国的农业科研创新步伐加快，农业科研硕果累累，成果转化和推广得到加强，人才队伍不断壮大，农业科技整体水平与国际先进水平的差距进一步缩短，农业科技在建设现代农业、推进农业和农村经济发展中的支柱能力日益增强。以往每逢春耕播种，广阔的田野里到处都是人声鼎沸、牛马嘶鸣，而今耕耘机器人的发明和使用彻底地改变了这一现象。农民用耕耘机器人进行春耕生产，不但降低了劳动强度，而且提高了春耕的速度和质量。耕耘机器人的发明和使用对我国这样的农业大国有着特殊的意义。

● 日本的耕耘机器人

日本是典型的老龄化国家。据统计，日本一半的农民都在50岁以上，并且50%的农民没有继承者，70%的农民有第二职业，因为单靠农业收入不足以维生。总体来说，日本农业面临的问题是劳动力缺乏且老龄化严重，并且日本总体上的食品自给不足。面对这种情况，最好的解决方法之一就是提高生产率，其主要措施表现为发展IT（信息技术）主导的农业。根据这种情况，北海道大学从1993年开始研制农用机器人。

机器人拖拉机会自动进行90°和180°的转弯。这种农用机器人外表和普通拖拉机没什么区别，但是内置的操作程序和GPS定位系统却使其身价倍增。第三代机器人在高精度GPS系统之外还配备了更高级的IMU定位系统。有了这些"内脏"之后，机器人可以在不需要人力的情况下进行大面积、大规模的精细播种、犁地、割草、洒水、喷洒农药等工作。第四代农用机器人时速最高可达16千米。由于有了GPS定位系统，其工作的精确性甚至超过人类。

安全问题一般都是机器人使用过程中的一个重要问题，因此农用机器人设置了安全装置，它会对每次操作作出汇报，每步操作人都可以根据实际情况进行设置，在碰到物体时机器还会自动停下，以确保使用者的安全。

日本还研制出了水稻插秧机器人。这种机器人安装了GPS定位设备，可以进行无人看管的水稻栽种及施肥工作，50分钟即可搞定30公顷的稻田；如果能够大范围推广该机器，一定可以帮助农业生产进一步提高。

● 油菜播种机器人

长期以来，油菜播种都要经过牛耕、人耙、整畦、挖穴、盖籽等繁琐工序，油菜移栽的劳动强度大、劳动时间长，一旦农户在移栽时亩株数不足，单位面积内的产量就会难以保证。油菜直播机械由拖拉机、播种机、旋耕机三大部分组成，集开沟、播种、覆土功能于一身，可以有效提高劳动生产率。

随着轰隆隆的机器声，一台奇怪的机器奔驰在田野里，只见油菜种子均匀地撒在刚收割完的稻田里，同时旋耕机直接在这块田里开沟覆土，泥土随着机器均匀地覆盖在畦面上。45分钟后，一亩地的油菜播种工作全部结束。这就是油菜播种机器人的工作场景。采用这种机械播种效率可以比人工播种提高30倍左右，直接节约成本近40%，且与育苗移栽相比产量不相上下。具有省工、节本、高产、高效等优点。

● 万能耕耘机器人

万能机器人不但能播种、除草、中耕，而且能施肥和收获。目前中耕深度为20厘米，如果地面保持平坦，中耕只需5厘米深就够了。用机器人播种，可以在上一茬未收获之前就使下一茬种子下种和发芽。万能机器人还可以采用整体收割法，沿耕作地来回走一次就可把庄稼收割完，装到集装箱内运走。脱粒可以借助超声波来完成，也可以用微波进行干燥。万能机器人能根据土壤的温度、气温、风力来完成种地、锄草、浇灌、施肥、收割、脱粒、吹干、运送等工作。几乎所有的农业工作都能由万能机器人自动进行。它不但能减轻人的劳动强度，而且能提高产量，便于收获。

除草机器人

在我国，土地束缚了大量劳动力，农业机械化水平低，自动化水平则更低，农民的劳动强度大，效率低。为了促进我国农业机械化、自动化研究，以及减少除草剂用量，保护生态环境，大力研发除草机器人成为当前主要的课题。

● **丹麦的农田除草机器人**

丹麦科学家研制出一种可用于农田除草的机器人。它不仅可以减少农民的劳动强度，而且能够大幅度减少除草剂的使用。这种机器人有4只轮子，由电池驱动。除草机器人用一台照相机来完成地面扫描，通过携带的识别软件，用15种不同的参数描述杂草的程度和对称性等外部特征，来识别25种不同的杂草，最终通过GPS（全球定位系统）给杂草定位。在甜菜农田的实验中，丹麦奥尔堡大学等机构的科学家发现使用这种机器人，除草剂使用量减少了70%。当然科学家也承认，除草剂很便宜，对农夫来说算不了什么，但除草剂用量的减少使环境成了最终的受益者。

● **太阳能除草机器人**

2006年11月，美国伊利诺伊大学的一位工程师发明了一种能够定位并去除杂草的机器人，该机器人使用照相和视频识别软件来查找杂草并将其割下，还能在植物的根部准确地使用一定剂量的除草剂，并能减少农药的使用，降低农药通过水或风的传播而污染环境的危险。

这种机器人长1.5米，宽70厘米，顶部使用了曲形太阳电池板，能积聚太阳能并将其转化在电池中。该电池为微型照相机、传感器、GPS定位系统和一个电子发动机提供电能，使机器人以5千米/小时的速度运动。

电池板作为顶篷可以保护机器人免受尘土等侵袭，并为视频系统的正常使用遮光。虽然视频系统的研发还处于初级阶段，但它已经具备通过形状和结构来辨认植物的能力，因而能够准确地区分作物和杂草。视频系统还能帮助机器人判断自己所处的位置，帮助它们在田埂边缘处拐弯。

目前，机器人还需要靠人来控制，但是，科学家们最终要把它们设计为自动的。因为目前，机器人和笔记本电脑之间的无线连接非常方便。农民完全可以在自家的客厅里操控机器人。

● 其他除草机器人

人们喜爱草坪，却讨厌修剪整理。毕竟除草不是一件轻松活儿，于是有人发明了自动修剪草坪的机器人——无为（Muwi）。

无为除草机器人看起来就像一个油桶，它在草坪上滚动，顺势修剪草坪。对于剪下来的杂草，它可以压缩成实心的草饼或者草球。草饼可以制作成环保的椅子，而草球可供孩子们玩耍，人们也可以把它们埋在地下为土壤增加养分。还有一种很像蜘蛛的六脚机器人，它可以算是另类除草机器人了，它能够按照指定的图案在草坪上作画。

喷农药机器人

为了防治树木的病虫害，就要给树木喷洒农药。由于使用了喷农药机器人，不仅使工作人员避免了农药的伤害，还可以由一人同时管理多台机器人，这样也就改善了劳动条件，提高了生产效率，这种机器人在未来将会有更大的发展。

● 田间展才华

喷农药机器人外形很像一部小汽车，机器人身上装有感应传感器、自动喷药控制装置以及压力传感器等。在果园内，沿着喷药作业路径铺设感应电缆。在栽苹果树的果园里，是把感应电缆铺设在地表或者是地下大约30厘米深的地方；而对于栽种葡萄等的果园，则把感应电缆架设在空中地上约150米~200米处。考虑到果树的距离，相邻电缆的距离最小为1.5米左右，电缆的长度则受信号发送机功率以及电缆电阻的限制。工作时，电缆中流过由发送机发出的电流，在周围产生磁场。机器人上的控制装置根据传感器检测到的磁场信号控制机器人的走向。

● 工作原理

机器人在作业时，不需要手动控制，能够完全自动对树木进行喷药。机器人控制系统还能够根据方向传感器和速度传感器的输出，判断是直行还是转弯，在没有树木的一侧机器人能自动停止喷药。如果转弯时两边有树木也可以根据需要解除自动停止喷药功能。当药罐中的药液用完时，机器人能自动停止喷药和行走。在作业路径的终点，感应电缆铺设成锐角形状，由于磁场的相互干扰，感应传感器就检测不到信号，于是所有功能就会停止下来。当机器人的自动功能解除时，还可以利用遥控装置或手动操作运行，把机器人移动到作业起点或药液补充地点。机器人在前端通常装有障碍物传感器（就是一种超声波传感器），可以检测到前方一米左右距离的情况，当有障碍物时，行走和喷药均停止。另外，机器人前端还装有接触传感器，当机器人和障碍物接触时，接触传感器发出信号，动作全部停止。在机器人左右两侧还装有紧急手动按钮，当发生异常情况时，可以用手动按钮紧急停止。

嫁接机器人

嫁接机器人技术被称为嫁接育苗的一场革命。它是近年在国际上出现的一种集机械、自动控制与园艺技术于一体的高新技术，可在极短的时间内，把蔬菜苗茎秆直径为几毫米的砧木（扎在土中吸收水分营养的苗称做"砧木"）、穗木（开花结果的苗叫"穗木"）的切口嫁接为一体，使嫁接速度大幅度提高。同时由于砧木、穗木接合迅速，避免了切口长时间氧化和苗内液体的流失，从而又可大大提高嫁接成活率。蔬菜嫁接自动化及嫁接机器人技术在农业生产上具有广阔的前景。

● 我国的蔬菜嫁接机器人

这几年，我国温室大棚种瓜种菜发展迅速，为减轻瓜菜连茬病害，瓜苗菜苗的人工嫁接十分普遍。但人工嫁接费力费工，特别对于专门从事种苗生产的基地来说，成本高、强度大是一大难题。以黄瓜为例：一般来讲，黄瓜一亩地4000多棵，如果采用人工，一个人一小时能嫁接

100~200棵，这就需要很多人工。中国农业大学的一位教授发明了一种能替代人工的机器。这种蔬菜嫁接机器人，采用计算机控制系统进行自动化操作。蔬菜嫁接机器人利用传感器和计算机图像处理技术，实现了嫁接苗子叶方向的自动识别、判断，对于高矮不一的嫁接苗都可以保证准确的切苗精度。嫁接时，两个人对坐，各自将事先放在供苗台的砧木、穗木放到机器上，机器就会自动地把砧木生长点切除、把穗木切苗，把砧木和穗木接在一起，并用一个小夹子把接好的苗固定，这一系列的动作在6秒钟内全部完成。现在，机器人嫁接成活率应该在90%以上，人工嫁接根据个人的技术条件有所不同，有70%的，有80%的，个别才能达到90%。使用机器人不但解决了蔬菜幼苗嫁接的柔嫩性、易损性和生长不一致性等特点导致的难题，还实现了蔬菜幼苗嫁接的精确定位、快速抓取、良好切削与接合固定。这种蔬菜嫁接机器是根据温室大棚来设计的，适用于黄瓜、西瓜、南瓜、甜瓜等苗类的嫁接。

● 国外的嫁接机器人研究状况

在日本，100%的西瓜、90%的黄瓜、96%的茄子都是靠嫁接栽培的，每年大约嫁接十多亿棵。从1986年起日本开始了对嫁接机器人的研究，以日本"特定产业技术研究推进机构"为主，一些大的农业机械制造商参加了研究开发，其成果已开始在一些农协的育苗中心使用。日本一些实力雄厚的厂家如YANMA、MITSUBISHI等也竞相研究开发自己的嫁接机器人，嫁接对象涉及西瓜、黄瓜、西红柿等。总体来讲，日本研制开发的嫁接机器人有较高的自动化水平，但是，机器体积庞大，结构复杂，价格昂贵。

20世纪90年代初，韩国也开始了对自动化嫁接技术的研究，但其研究开发的技术，只是完成部分嫁接作业的机械操作，自动化水平较低，速度慢，而且对砧木、穗木苗的粗细程度有较严格的要求。

在蔬菜嫁接育苗配套技术方面，日本、韩国已生产出专门用于嫁接苗的育苗营养钵盘。在欧洲，农业发达国家如意大利、法国等，蔬菜的嫁接育苗相当普遍，大规模的工厂化育苗中心全年向用户提供嫁接苗。但是这些国家还没有自己的嫁接机器人，所以他们的嫁接作业一部分采用手工，一部分则采用日本的嫁接机器人。

嫁接机器人的研制成功，对于提高蔬菜育苗、嫁接自动化水平，提高农业劳动效率，促进蔬菜瓜果生产的规模化和产业化具有十分重要的意义。

果实采摘机器人

农业机器人的问世，有望改变传统的劳动方式。为了减轻水果采摘时的劳动强度，水果采摘机器人应运而生。水果采摘机器人一般是在室外工作，作业环境较差，但是在精度上却没有工业机器人那样要求高。这种机器人的使用者不是专门的技术人员，而是普通的农民，所以技术不能太复杂，而且价格也不能太高。

● 橘子采摘机器人

西班牙科技人员发明的一种机器人是由一台装有计算机的拖拉机、一套光学视觉系统和一个机械手组成的，能够根据橘子的大小、形状和颜色判断出是否成熟，决定是否可以采摘。它工作的速度极快，每分钟摘柑橘60个，而靠手工只能摘8个左右。另外，采摘柑橘机器人通过装有视频器的机械手，能对摘下来的柑橘按大小进行分类。

● 蘑菇采摘机器人

英国是世界上盛产蘑菇的国家，蘑菇种植业已成为排名第二的园艺作物。据统计，人工每年的蘑菇采摘量为11万吨，盈利十分可观。为了提高采摘速度，使人逐步摆脱这一繁重的农活，英国某研究所研制出采摘蘑菇机器人。它装有摄像机和视觉图像分析软件，用来鉴别所采摘蘑菇的数量及属于哪个等级，从而决定运作程序。采摘蘑菇机器人有一架红外线测距仪，可以在测定出田间蘑菇的高度后，由真空吸柄自动地伸向采摘部位，根据需要弯曲和扭转，将采摘的蘑菇及时投入到紧跟其后的运输机中。它每分钟可采摘40个蘑菇。

● 西红柿采摘机器人

美国麻省理工学院研制出一种机器人，能采摘小西红柿。这款机器人体形小巧。它的底盘直径约30厘米，像个圆形吸尘机，底盘上部竖着一台笔记本电脑。机器人的手臂"长"在电脑前部,臂长约79厘米,上面有个摄像头和平嘴钳。机器人内置小西红柿基本生长模式程序,使它能确定采摘西红柿的合适时机。

虽然采摘工作只需简单几步,普通人轻而易举就能完成,但对于机器人,每一步都必须经过精确运算。多红的西红柿算成熟或是用多大力采摘西红柿才不会折损果树都得"手把手"地教机器人。

还有一种长12.5米、宽4.3米的西红柿采摘机是由美国加利福尼亚西红柿公司发明制造的,它每分钟能采摘1吨西红柿。这台机器人是将西红柿连枝带叶割倒后卷入分选仓,仓内有能识别红色的光谱分选设备,它可以自动挑选出红色的西红柿,并将其通过传送带送入随行卡车的货仓内,然后将未成熟的西红柿连枝带叶一道粉碎,再喷洒在田里作肥料。

● 草莓采摘机器人

一家日本机器人公司推出了一款可以采摘成品草莓的机器人。这款机器人内置能够感应色彩的摄像头,可以轻而易举地分辨出草莓和绿叶。同时,利用事先设定的色彩值,它还可以判断出草莓的成熟程度。再配合独特的机械结构,就能够将符合要求的草莓摘取下来。

虽然目前这款机器人的速度还比较慢——每摘取一个草莓需要大约10秒钟,不过,相信随着技术的不断改进,一定可以大大提升摘取的速度、提高生产效率,从而造福果农。

果实分拣机器人

在农业生产加工中,经常需要对不同的东西进行分类。例如,按不同重量分类,按不同的颜色分类,按不同大小分类等。以往需要投入大量的劳动力,好的收成让人心情愉悦,但果实采摘却是十分繁重的机械劳动,但有了果实分拣机器人的帮助这些都显得非常轻松。

● 土豆分拣机器人

20世纪70年代人们就用超声波检查挑拣变质的蔬菜和水果,但对外表不易觉察的烂土豆则无能为力。英国人曾研究了一套遥控机械系统，在电脑屏幕上看土豆，只需用指示棒碰一下烂土豆的图像，专门的装置便可以把烂土豆挑拣出来扔掉。但这种机器离开人就不能工作。

后来英国某研究所的研究人员又开发出一种结构坚固耐用、操作简便的果实分拣机器人，从而使果实的分拣实现了自动化。它采用光电图像辨别和提升分拣机械组合装置，可以在潮湿和泥泞的环境里干活，它能把大个西红柿和小粒樱桃加以区别，然后分拣装运，也能将不同大小的土豆分类，并且不会擦伤果实的外皮。该研究所的专家发现，土豆良好部分和腐烂部分对红外线反射是不同的，于是发明用光学方法挑拣土豆。土豆是椭圆体，为了能够观察到土豆的各个部位，机器人具备了传感器、物镜和电子光学系统。一个小时它就可以挑拣3吨土豆，可以代替6名挑拣工人的劳动，工作质量大大超过人工作业。

● 水果采摘、分拣机器人

农业机器人的新挑战是创造一个更复杂的水果采摘、分拣机器人。最新的设计提议：采用两个相对独立的有不同功能特点的，同时又能相互配合的机器人。第一个机器人负责寻找和发现各个果实的位置，并计算出最有效率采摘它们的路径，将信息和数据传至第二个机器人。第二个机器人负责在不损坏果树的情况下采摘并按照大小分别存放果实，所有的一切都如此完美。这套机器人系统可以让农场主有更多的时间投入新的工作系统建设。

用传统的分拣方法对丰收的苹果进行分类是十分困难的，而且错误比较多，于是人们发明了一种苹果采摘智能分拣机器人，并对苹果进行质量分拣。该机器人经过训练后，分拣效果非常好，可以对发黄、擦伤、腐烂、疤痕、指甲划痕等做出正确可靠的分拣。智能机器人还可以对梨、桃等相似的水果进行分拣。

现在自动采摘、分拣机器人已得到了广泛的应用。日本研制的西红柿分选机每小时可分选出成百上千个西红柿；苹果自动分送机，每分钟可分选540个苹果，根据颜色、光泽、大小分类，并送入不同容器内。日本研制的自动选蛋机，每小时可处理6000个蛋。

● 花生双粒果分拣机器人

最近，新发明了一种花生双粒果分拣机器人，它包括机架、进料斗。机架的底座上设有电机和变速箱，电机皮带轮和变速箱皮带轮由皮带传动。机架的上部设有凹托板，上部的两端分别设有主动传动轴和从动传动轴，主动传动轴上设有输送链条，通过输送链条带动从动传动轴。输送链条绕凹托板底转动，输送链条上均匀设有输送刮板，凹托板上设有与花生单、双粒果相应的小开口和大开口，小开口和大开口的下面设有出料斗。进料斗通过激震器设置在机架的另一端，解决了现有技术花生果分拣费工费时、工作效率低的技术问题，是一种理想的花生双粒果分拣机器人。

伐根机器人

伐根可以用于硫酸盐纸浆生产、微生物工业和制造木塑料。将伐根取出利用，经济效益极为可观。在我国伐根清理中存在着劳动强度大、作业安全性差、作业效率和经济效益低、环境生态效益差等问题。

● 履带式伐根机器人

由于伐根的工作量大，而且传统重型机械又不方便进入到林区，即使勉强进去了，活动也不够灵活，所以就有厂家开发出了这样一款履带式伐根机器人。除了具有传统伐木机械的功能之外，还具有一些更先进的功能。采用履带驱动能够更好地适应复杂的路况，而不至于像轮胎驱动的产品那样行动不便。虽然这种方式前进的速度较慢，但是对于伐根而言，却已经足够了。

使用智能伐根清理机器人清理周围半径 8 米内的伐根，是人工挖根效率的 50 多倍。强健的机械臂可代替履带进行移动。同时，地表坑径小、利于造林，减少了采伐地水土流失，减轻了劳动强度，保证安全作业，有显著的经济效益、生态效益和社会效益。智能型伐根清理机器人主要由行走机构、机械手、液压驱动系统和控制系统等组成，其中机械手安装在具有行走功能的回转平台上。为能实现在各种不同坡度、地形进行伐根清理，机械手还安装万能切刀、提拔筒、四爪抓取机构等，在液压系统的驱动下可以实现各种俯仰、旋转、抓取动作。机器人的驾驶室内装有摄像头和显示器，可以实时对监控范围进行搜索，操作人员在驾驶室内即可进行伐根清理作业。

● 水下伐木伐根机

由于兴建大坝等原因，几十年来，全世界有大约3亿棵树木被淹没在水下，白白浪费了。但是有一种挥舞着链锯的水下机器人能潜入300米深的水下采伐树木。它一次潜水就能采伐50棵树，而且不会破坏生态系统。在工作时，可以通过缆索将机器人系在驳船上，利用遥控进行控制。它会用自己1.5米长的钳子牢牢抓住树木，给树木系上充气气囊，然后用1.35米长的锯在几秒钟之内锯倒一棵树。被锯倒的树木在气囊的作用下，优雅地浮上水面。第一个投入商业应用的机器人在英国的一个湖泊证明了自己的能力——6个月内从湖底拯救了6000棵树木。这个机器人除了具有伐木功能外，还具有清除树根的功能。通过更换抓取器，可以轻松地将埋在土里的树根拔出来。

挤牛奶机器人

挤牛奶机器人是自动化挤牛奶系统的核心设备，是当前国际上精准乳业先进的自动化、信息化装备。

● 挤牛奶机的工作方式

随着科技的发展和劳动力的提高，各国都纷纷研究出自动挤牛奶机器人。挤牛奶机器人可以在规定的轨道上移动，在机器人上装有能够检测牛乳头位置的专用传感器和能够安放挤奶杯的机械手。到了预定的挤奶时间，系统会自动开始挤奶工作。首先，挤奶室的后门打开，引导奶牛进入空的挤奶室，每头奶牛的脖子上都有标签，系统根据标签识别奶牛的编号，从而在中央电脑的数据库中查出奶牛的生长数据，并根据此数据调整挤奶室中饲料槽的位置，使奶牛的屁股正好对准挤奶室的后部，这样做就可以使得奶牛的乳头位置大致相同，便于安放挤奶杯。

在奶牛进入到挤奶室之后，挤奶机器人开始在轨道上移动，靠近奶牛，然后通过安放在机械手上的传感器检测出乳头的精确位置，安放好挤奶杯。当挤奶杯安放完毕后，还要通过传感器再次检测杯内是否确实有乳头以及乳头是否被挤压，如果不符合要求，还要重新安放挤奶杯。确认无误后，杯内的喷嘴开始喷温水，清洗牛的乳头。在清洗牛的乳头时还要进行几分钟的预挤，清洗的水和预挤的牛奶经过导管引至排水箱中排除，此后，机器人开始正式挤奶，导管将牛奶导至积奶箱。

挤奶完毕后，机械手自动拿下挤奶杯，机器人移向其他挤奶室中的奶牛。这时，这个挤奶室中的饲料箱返回初始位置，然后挤奶室的前门打开，奶牛走出，准备下一头牛再次进入。

● 奶牛的高级保姆

挤奶机器人的"工作"是为奶牛提供全天候高智能化服务。奶牛按先进的饲养模式饲养，自愿挤奶。挤奶机器可以24小时工作，什么时候愿意挤奶就什么时候挤，愿意挤几次就挤几次，每次机器人都耐心地按程序工作。机器人还可以为奶牛提供挠痒、净身等服务。

电脑在系统中不但进行控制，还会对奶牛进行管理。在相应的时间中如果挤奶量与预测量相差过大，则要发出警告，要检查奶牛的健康情况，对有病奶牛的奶要扔掉。

由于挤牛奶机器人的作业对象是奶牛，有些参数是不断变化的，所以电脑中的数据也要不断地更新，以便在安装挤奶杯时参考。另外，产奶时间、产量等数据也要经常更新。

采用了自动挤牛奶系统以后，工作人员的体力劳动大大减轻了，节省了劳动力，而且还使牛奶的产量增加了，具有很高的经济效益。

林业机器人

为了避免传统林业机械作业时的振动和伤亡，提高作业效率、关注林业工人的身体健康和劳动卫生，林业机械在原有的机械化基础上向自动化方向发展，大规模使用林业机器人将是一个必然趋势。

● 林木球果采集机器人

长期以来在林业生产中，林木球果的采集一直是个难题，国内外虽已研制出了多种球果采集机，如升降机、树干振动机等，但由于这些机械本身存在着这样或那样的缺点，所以没有被广泛使用。目前，在林区仍主要采用人工上树手持专用工具来采摘林木球果，不仅工人劳动强度大，作业安全性差，生产率低，而且对母树损坏较多。为了解决这个问题，我国东北林业大学研制出了林木球果采集机器人。

林木球果采集机器人由机械手、行走机构、液压驱动系统和单片机控制系统组成。其中机械手由回转盘、立柱、大臂、小臂和采集爪组成，整个机械手共有5个自由度。在采集林木球果时，将机器人停放在距母树3米～5米处，操纵机械手回转马达使机械手对准其中一棵母树。然后单片机系统控制机械手大、小臂同时柔性升起达到一定高度，采集爪张开并摆动，对准要采集的树枝，大小臂同时运动，使采集爪沿着树枝生长方向趋近1.5米～2米，然后采集爪的梳齿夹拢果枝，大小臂带动采集爪按原路向后捋回，梳下枝上的球果，完成一次采摘，然后再重复上述动作。连捋数枝后，将球果倒入拖拉机后部的集果箱中。采集完一棵树，再转动机械手对准下一棵。

球果采集机器人可以在较短的林木球果成熟期大量采摘果实，试验表明，这种球果采集机器人的采集率，是人工上树采摘率的30～35倍。另外，更换不同齿距的梳齿则可用于各种林木球果的采集。这种机器人采摘林木球果时，对母树破坏较小，采净率高，对森林的生态保护、森林的更新以及森林的可持续发展等方面都有重要的意义。

● 伐木、搬运机器人

在林业生产中，伐木、搬运的工作量都很大，但是很多传统的重型机械却不方便进入到林区，即使勉强进去了，活动也不够灵活，为了解决这些问题，日本开发出了各种机器人车辆，如4轮独立驱动式车辆、履带式车辆、混合机器人车辆等。还有厂家开发出了一款6足伐木机器人。除了具有传统伐木机械的功能之外，它最大的特点就在于其巨型的昆虫造型，因此，它能够更好地适应复杂的路况，而不至于像轮胎或履带驱动的产品那样行动不便。虽然这种方式前进的速度较慢，但是对于伐木而言，却已经足够了。这款机器人还具有林木搬运的功能，是一款集林木采伐、搬运于一身的综合性机器人。

● 植树机器人

树木采伐后还要进行补种，这样才能维持可持续发展，用人工植树速度慢、成活率不高，于是研发植树机器人成为当前林业机器人领域的重要科研项目。由我国哈尔滨理工大学在校大学生研制完成的自动植树机器人模型。在国内首次亮相。

这种机器人不需要人工参与，可以完成定位、挖土、取树、种树、填土、浇水等一系列动作，并且可以根据不同的要求进行植树。例如，它可以种植防风林，也可以种植路旁树、城市绿化树等。只需3分钟左右时间，自动植树机器人就可以完成种植一棵树的全部过程。这款机器人模型重要的创新点在于其设计的特殊底盘和种树装置。如果把这种底盘设计应用到普通汽车上，可使汽车的可控性增强，使转弯半径大大缩小，汽车将能够较好地适应未来城市拥挤的交通。

牧羊犬机器人

专业从事放牧工作的狗，我们称之为"牧羊犬"。它的作用就是在农场负责警卫，避免牛、羊、马等逃走或遗失，也保护家畜免于熊或狼的侵袭，同时也大幅度地杜绝了偷盗行为。它不仅是赶回家畜的看守者，也可以负责将牛羊运到市场上，以备交易，是农场主不可多得的、必不可少的好助手。

● 牧羊犬赶鸭子

经过长时间试验，研究人员研制出一种自主机器人，这种机器人能够进入鸭子的活动场所，将鸭群赶到一起，并且能将它们安全地赶到目的地。这是世界上首次进行的此领域的试验。以前没有任何机器人系统能够控制动物的行为，同时也没有任何设计这种机器人的方法。研究人员不准备用机器人牧羊犬代替现实中的牧羊犬，但是，牧羊犬的牧羊任务却能被看成是一个机器人与动物相处得很好的例子。这个试验之所以选择鸭子，而不是用羊进行，主要是为了更方便地进行小规模的试验。牧羊人一般认为羊群和鸭群的习性很相像，因此，在训练牧羊犬时，人们经常使用鸭群。本研究的目的是了解动物群的成长和发展以及单个动物如何在群体中生活。

● 动物们的守护者

专家经过研究认为，动物对机器人的反应良好，它们感到机器人比人或其他动物对它们的威胁要小得多。尽管有些动物经常与机器人接触，例如挤牛奶的机器人。

牧羊犬机器人的外表是一个带轮子的垂直的圆柱体，可以方便地在室外草坪上运动。这种机器人的最大行走速度是每秒钟4米，远远超过了羊的速度。机器人高78厘米，直径44厘米，外面包一层软塑料，软塑料安装在橡胶弹簧上，目的是保证羊群的安全。这个机器人系统包括机器人车、计算机和摄像机。计算机在分析了摄像机拍摄的图像后，可以确定羊群和机器人的位置，将信息与已知的目标位置进行分析，控制程序就能确定机器人的行走路线。命令是通过无线电台发送给机器人的，它引导机器人将羊群赶到目的地。

● 不断改进

大多数机器人只装有内部传感器，因此，对外部情况的感觉能力不高，反应比较迟钝。今后，牧羊机器人将重点发展外部传感器系统，如采用先进的触觉感受器、听觉传感器等，使机器人能够做到"看""听"、"摸"等，并能感觉到发生在它周围的事情和可能存在的危险，找出避免的办法，以提高机器人的快速反应能力。这个项目将为未来研究机器人与动物的相互作用奠定一个良好的基础。

烈火金刚

火场消防机器人

在人口密集的城市，一场大火，能够把人民财产毁于一旦。救火中，消防人员受伤、牺牲的事屡有发生。为更有效地灭火、高效率地搜救火灾遇险人员，并保证消防人员的安全，消防机器人应运而生。

一旦有火灾事故发生，假如没有有效的方法、装备及设施，救援人员将无法进入事故现场，而要贸然采取行动，往往只会造成无辜的牺牲，付出惨重的代价。消防机器人的应用将大大提高消防部门扑灭恶性火灾的能力。

● 消防机器人的功能

根据消防机器人的灭火要求，它应具有的基本功能包括：行驶电机的控制、消防喷枪位置的控制、现场信息的采集、数据处理与通信等等。消防机器人往往需要在高温、强热辐射、浓烟、地形复杂、障碍物多、化学腐蚀、易燃易爆等恶劣环境中进行火场侦察、化学危险品探测、灭火、冷却、洗消、破拆、救人、启闭阀门、搬移物品、堵漏等作业。因此，作为某种特定功能的消防机器人应该具备以下某项或几项行走和自卫功能：爬坡、登梯及障碍物跨越功能，耐温和抗热辐射功能，防雨淋功能，防爆、隔爆功能，防化学腐蚀功能，防电磁干扰功能，遥控功能等。消防机器人系列还将不断推出"新人"，包括隧道、排烟等"个性化"机器人。

消防机器人技术的发展不但能提高消防部队的抢险救灾能力，起到减少国家财产损失和灭火救援人员伤亡的作用，同时也能对我国的机器人技术、通信控制技术、计算机技术等多学科领域技术的发展起到积极的作用和深远的影响。

● 消防机器人的发展趋势

当前，消防机器人已正向智能化和专业化发展：一方面消防机器人越来越"聪明"，即可以通过无线人工控制，根据火灾现场的情况做出各种反应；另一方面消防机器人将更加专业化。由于火灾情况的多样性和复杂性，只用一种消防机器人解决所有问题是不可能的，消防机器人的应用将出现多样化和团队化。未来在发生高楼火险时，搜索火源和幸存者的侦察机器人、负责救援的机器人以及负责灭火的机器人将会协同工作。

新型消防机器人

在火场消防机器人诞生之后，针对消防机器人的作用和功能，人们又研制了各种各样的新型消防机器人，可以代替人类到达高温地带和有毒害气体的现场，大大提高了消防部门扑灭恶劣性质的火灾现场的能力。

● 身形似蛇的消防机器人——"安娜·康达"

2007年，挪威科学家研制成功了一种形似蟒蛇的消防机器人。这蛇形机器人长度为3米，重量约70千克。它可以与标准的消防水龙带相接并牵着它们进入那些消防队员无法到达的区域进行灭火。据悉，"安娜·康达"的行动非常灵活，可以非常迅速地穿过倒塌的墙壁，代替消防员进入那些高温和充满有毒气体的危险火灾现场。该机器人的能量供给方式也非常奇特——它能够直接从消防水龙带中获取前进的动力，要知道，水龙带中的压力高达100个大气压。"安娜·康达"全身共安装有20个靠水驱动的液压传动装置——由于每一个传动装置的开关都由计算机进行精确控制，使得机器人能够像蛇一样灵活移动。

在使用过程中，消防人员可对"安娜·康达"实施远距离遥控，并能通过设置在机器人前端的摄像机及时了解火情。该机器人内部安装有大量电子传感器，使其具备了一定的独立活动能力。在使用过程中，先由控制人员标出需要到达的具体地点，之后，机器人将根据障碍物所处的位置，自主决定行进路线。这种蛇形机器人的功率非常强大，不但可沿楼梯爬行，而且还能抬起一部小汽车。此外，由于外壳非常坚硬，它还能砸穿不是非常厚实的墙壁。该机器人可以在隧洞事故中发挥重要作用：既可以用于灭火，也可向被困人员运送呼吸面罩等救援物品。由于蛇形机器人在爬坡、穿越障碍、侦察方面的特殊功能，未来消防机器人的发展中它将大有作为。

● "机械甲虫"守护森林

将来，当你在丛林探测时，也许会有一群神秘的家伙时刻监视着你。它们就是由德国科学家设计开发的新型消防机器人甲虫"OLE（奥勒）"，德语的意思是远离道路的消防设备。这种机器甲虫不是食腐动物，而是森林卫士，可以用来监管森林，尽早发现丛林火险。

OLE外型像球形甲虫，有6条腿，只有1.5米长，配备有水箱和灭火剂，以备灭火使用。它们在GPS、智能触角、红外线和热量传感器的指导下进行工作，能够通过红外线及生物感应器来侦测火灾的发生，及时寻找到火源，然后通知最近的消防站。当火焰接近时，OLE会自动地避开，进行自我保护。这个机器人的有效感应距离为0.8千米，可以安置在部分存在高度火险的地段使用。

OLE具备防火耐热的盔甲，其6条腿也有类似的保护作用。其外壳采用的是耐热陶瓷纤维材料，即使在1300℃高温下也不会融化，且还能够保护内部的元器件不受高温侵害。

OLE具备防盗系统，如果有人想从森林中偷走OLE，OLE会利用GPS装置跟踪偷盗者。

● 消防探测机器人

在德国首都柏林，一个新型探测机器人正在进行功能演示。这种机器人具有发现敌人、探测生命及生化核武器的功能，它的机械手能够对可疑物品进行检查，必要时还可执行拆除炸弹的任务。

这台消防探测机器人靠4条履带行走，中部共装有4个探测头。尽管看上去它的身体略显笨重，但据介绍，体重300千克的它能够轻松爬上不超过30°的坡，最快行走时速可达3千米。而它具备的4个探测头可以探测4种完全不同的危险气体浓度及变化等，对于具体检测何种气体可由顾客自行选择。而且摄像头可以左右360°旋转，上下90°俯仰。

此外，因为机器人需要出入高温、缺氧、浓烟、腐蚀性、放射性、易燃易爆等恶劣环境，它的"金刚不坏之身"在结构、材料选用、表面涂装等方面都进行过特殊的设计，能保证它在高温和强热辐射条件下较长时间地工作。

机器人不仅能探测现场可燃和有毒有害气体的浓度，探测前后障碍物，探测其内外的温度值以及现场的热辐射值，如果装配上红外热成像仪，它还能感应人体发出的红外辐射信号，在消防员难以进入的地方寻找幸存者或受伤的消防员。

火场救援机器人

在世界各地每年都会有很多次人们无法控制的火灾。面对火灾现场人们有时会束手无策。经过多年的研究，火场救援机器人终于试验成功并应用。

火场救援机器人属于特种机器人范畴，它作为特种消防设备可以替代消防队员接近火灾现场实施有效的灭火救援作业，开展各项火场侦察任务，尤其是在危险性大或者消防队员不易接近的场合，救援机器人的应用将大大提高消防部门扑灭恶性火灾的能力，对减少国家财产损失和灭火救援人员的伤亡具有重要的作用。消防救援机器人具有可靠的侦察和救援功能，以及良好的机动性能，对化学、生物、放射性等危险品的生产、运输、贮存和使用场所的灾害预防，对有毒、有害化学物品泄漏（非易燃易爆）、易坍塌等灾害现场的侦察和处置、易爆物品的搬运，障碍物的清除、遇难人员的抢救等工作起到重要的作用。将能替代消防人员进行现场抢险救援，对灾害现场的灭火、封堵、洗消、破拆等救援作业的展开具有十分重要的作用。

● 火场救援机器人的结构

消防救援机器人主要由行走系统、机械手、救援拖斗和电液控制系统等结构组成。行走系统一般分为履带行走和轮胎行走两种。机械手作为消防救援机器人的执行装置，主要起到抓取可疑物，开启阀门，起吊受伤人员的作用。根据人手臂运动的原理以及目前机械手应用的资料，3节臂杆、6个自由度的机械手工作装置是最有前途的。救援拖斗在消防救援机器人中是不可缺少的一部分，它类似于火场救援时使用的担架，在火场中，消防救援机器人利用机械手将受伤人员转移到救援拖斗上。消防救援机器人的电液控制系统是由操作人员手持无线发射器发出控制信号给电控系统，电控系统接收到指令后对液压元器件进行控制，实现消防救援机器人的各项功能。

● 日本研制的火场救援机器人

消防救援机器人的研究开发及应用方面，日本最为领先，其次是美国、英国和俄罗斯等发达国家。日本的救护机器人于1994年第一次投入使用。这种机器人能够将受伤人员转移到安全地带，长4米，宽1.74米，高1.89米，重3860千克。它装有橡胶附带，最高速度为4千米/每小时。它不仅有收集装置，如电视摄像机、易燃气体检测仪、超声波探测器等，还有2只机械手，最大抓力为90千克。这种机器人能够将受伤人员举起送到救护平台上，在那里为他们提供新鲜空气并治疗。

不仅在我国，在世界上消防工作也是一个大难题，各国政府都千方百计地将火灾的损失降到最低点。消防机器人的研制成功，对21世纪的消防装备发展以及消防部队科技战术的拓展将产生重要的影响。

火场侦察机器人

火场侦察机器人，用于收集火灾现场周围的各种信息，并在有浓烟或有毒气体的情况下，支援消防人员。国际上较早开展消防机器人研究的是美国和苏联，后来，英国、日本、法国、德国等国家也纷纷开展该类技术研发。目前，已有很多种不同功能的消防机器人用于救灾现场。

近年来，我国在工业生产、储运过程中涉及的易燃易爆和剧毒化学制品迅速增加，由于设备及管理等方面的原因，导致化学危险品和放射性物质泄漏以及燃烧、爆炸的事故隐患越来越多。科学、快捷、有效地侦察是化学事故救援工作能否成功的关键。但是在现场情况不明的条件下进行灾情侦察，将使消防救援人员承担巨大的安全风险。而让具备了必要功能的消防侦察机器人代替救援人员从事危险的灾情侦察任务，将会大大减轻救援人员的压力，提高救援工作的效率。

● 早期的消防侦察机器人

我国消防侦察机器人诞生于1991年，机器人有4条履带，一只操作臂和9种采集数据用的采集装置，包括摄像机、热分布指示器和气体浓度测量仪。消防机器人主要完成火场侦察和辅助灭火两大任务，由于火场情况复杂，因此消防侦察机器人的智能化程度比较高。

● "灭火先锋"火场侦察机器人

被喻为"火魔克星"的消防侦察机器人"体重"300千克，头顶有一只能转动360°的"眼睛"。适应多种地貌，能攀上30°斜坡，越过25厘米高的障碍物，最快行走时速可达3千米。别看它外形与普通探头没啥两样，在火场上，可燃气体泄漏物的浓度、泄漏物的毒性和腐蚀性、现场的温度等都能靠这副"电眼"侦测到。配合红外线热成像仪，它还能感应人体发出的红外辐射信号，"透视"建筑废墟，找到埋压在废墟下的伤员。

这位"侦察员"要在腐蚀性、放射性、爆炸性、易坍塌的恶劣环境中"出生入死"，防爆能力超强。此外，喷雾冷却系统也是机器人"自卫"的手段，一旦在高温和强热辐射条件下较长时间地工作，它还可以给自己"冲凉"，免得自己"发烧"。更有趣的是，机器人不但有GPS定位系统，而且一旦远离指挥中心，它还能通过公共移动通信网，"打手机"向总部汇报现场各种情况，就连自己的"体温"情况（机器人体内外的温度）也能让指挥官即时获悉。

此外，日本、美国在消防侦察机器人研究领域里也取得了一定的成就。日本东京消防厅研制的用于掌握火灾现场情况的侦察机器人装有红外电视摄像机、温度传感器、浓烟中的摄像装置、烟气浓度分析装置、收音和扩音装置等，具有爬楼梯和打开房门等功能。机器人长2.3米，宽0.75米，能够上下倾斜度不超过42°的楼梯，并且在楼梯台阶上可以自由转向。

消防侦察机器人作为特种消防设备可代替消防队员接近火场实施有效的灭火救援、化学检验和火场侦察。它的应用必将在火场抢险救援中发挥更多的作用。

新白衣天使

护理机器人

随着现代科技的发展，科学家们将机器人的使用功能越来越多地投入到生活应用领域。各国科学家也纷纷把研究计划转向这一方面。护理机器人的诞生并投入使用正是机器人应用于生活领域的最佳体现。

● 美国研制的RP-7护理机器人

RP-7护理机器人由美国InTouch高科技公司生产。该机器人是一个可以远程遥控的固定在导轮架上的移动电脑，它包括屏幕、麦克风以及摄像头，外科医生可以通过操作杆和一个普通的电脑终端在任何地方控制这些设备。医院和家带给病人的感觉总是天差地别的，而机器人RP-7的出现，让医院有了家的感觉，而家里也能享受到医院式便捷的服务。机器人RP-7已经在世界上许多医院投入使用。当然最受用的是那些分娩中的准妈妈，因为她们可以不必在苦苦煎熬中等待妇产科医生的现身，除非出现意外情况，RP-7都能绰绰有余地应付。在机器人RP-7的协助下，医生们可以随时出现在屏幕上帮助孕妇们安心待产。

● 日本护理机器人现状

2007年3月28日，日本东京大学展示了一种新研发的智能机器人，可以参与卧床病人的部分护理工作。这种机器人高155厘米，重70千克，可以举起30千克的重物。日本官员透露，在未来几年内，日本将出现为家庭提供日间照顾和护理服务的机器人，以便应付日本家庭医护人员严重不足的问题。日本人长寿而且出生率低，社会人口老龄化问题严重，日本希望可以利用机器人应对高龄化社会。基于这个目标，在未来的几年里，日本政府和私营经济部门将加大研发力度，制定共同的护士机器人安全标准。

● 我国家用护理机器人现状

我国是世界上人口最多的国家，也是老年人口最多的国家，目前超过60岁的老人达到1.49亿，占总人口的11%。在我国，老人的养老护理已成为棘手的问题。民政部官员表示，我国最少需要1000万名养老护理人员。在这样的形势下，护理机器人需求迫切。我国研发的护理机器人具有服务、安全监护、人机交流以及多媒体娱乐等功能。如果家中老人患病卧床，护理机器人可以帮忙取药、端水，还可以到冰箱里取食物用微波炉加热。如果家里来了客人，护理机器人会去开门。很多儿女不放心老人独自在家，时常担心燃气、水电存在隐患，甚至担心小偷的非法入侵，这时，护理机器人通过传感器、监控系统判别异常状况，通过短信或网络给主人提醒，儿女可以通过视觉系统看到老人在家中的情况。护理机器人还可以作为一个终端，与小区安全、医疗网络建立交互平台。在老人感到孤独时，护理机器人还能"讲故事"、"唱歌"或是"陪他们下棋"。

军医机器人

● "外伤匣子"军医机器人

美国国防部高级研究计划署（DARPA）首次披露：首个便携式、可自主进行外科手术的机器人将于未来两年内部署到军队。国防科学办公室研究机构主管布雷特称该系统被命名为"TraumaPod（外伤匣子）"，在试验中已经成功地"治愈"人体模型，而且无并发症。

在手术中，只需一个人就能远程操作Trauma Pod，该机器人功能强大，能够执行多种任务，比如作为流动医疗站和外科手术助手，或进行独立手术。它的目的是尽快稳定受伤士兵的病情。

这套系统中的主刀机器人"医生"有三条机械臂，一条拿着内窥镜以便让人类军医看清患者身体内部状况，另两条用来持握外科手术工具。另外还有其他一些机器人在旁边充当"护士"。这套系统主要用于进行损伤控制手术，这是稳定伤员病情的最低要求。它可以对呼吸道损伤进行控制，还能暂时止血。通过事先输入程序，机器人"医生"还可以独立实施简单救治，比如缝合伤口。机器人"医疗团"中还包括一个"清洗护士"，其实就是将消过毒的手术工具交到"机器人主刀医生"手里的机械臂。机器人可以插入呼吸管辅助病人呼吸，也可以进行静脉注射，但是手术刀还是由外科医生进行操作。

目前，"外伤匣子"正由位于美国加州的SRI国际公司开发，该机器人能通过装甲车运到前线。其原形已通过了测试。在测试中，机器人成功地完成了一个肠穿孔手术。这种特殊的外科医生已被广泛应用于民用医院。美国陆军将领们还准备使用这台机器人给战场上受伤的美军士兵做手术。操作人员可以通过卫星联网，遥控这些机械"医生"和"护士"给伤员注射麻醉剂，由流动"外伤匣子"（TraumaPod）实施手术挽救伤员的生命。

● "达·芬奇"和"宙斯"

军医机器人已经吸引了无数眼球，然而群雄逐鹿，谁执牛耳？由美国加州Intuitive Surgical公司制造的"达·芬奇"（DA Vinci）和由Computer Motion公司制造的"宙斯"（Zeus）机器人手术系统，当仁不让地"共占鳌头"。它们都是三臂机器人，一只手用来捏住摄像机（所谓"扶镜"），另外两只手操作手术器具。只不过"宙斯"的"扶镜"手是声控的，而"达·芬奇"的手术器械头端增加了"手腕关节"，扩大了它的活动范围和灵活性。因而2000年"达·芬奇"成为世界上首套可以正式在医院手术室腹腔手术中使用的机器人手术系统。有了"宙斯"或"达·芬奇"系统，医生就可以不用在手术台前站立，只需坐在手术室内的电脑屏幕前，根据传递来的三维影像，手握两个传感臂，做出解剖或缝合的模拟动作，在手术台上工作的机器人就能控制伸入患者体内的器械，从事同样的手术动作。

军用机器人的民用前景十分广阔，因为很多大型医疗中心曾由于距离病人太远以至于耽误了病人的及时救治。而将来，可以在当地的医院配备军用机器人，然后外科医生能在数千千米以外远程控制病人，帮助其稳定病情。在传统手术中，至少要有一名麻醉师对伤员进行麻醉和术后缝合，但是如果实现革命性的突破，军医机器人还将是个出色的麻醉师。

机器人医生

一说到医生大家都不会陌生，但是机器人医生大家也许还不太熟悉。机器人医生和人类医生一样可以给病人看病，而且，它还有着人类医生所不具有的优点：机器人医生不但具有检查方便、无创伤、无痛苦、无交叉感染、不影响患者正常工作等特点，还能够完整地检查小肠，而这些都是人类医生无法办到的。

● 可以把脉问诊的机器人

美国科学家成功研制出一种名叫uBOT-5的医疗辅助机器人，它可以极大地缓解美国医疗系统所承受的巨大压力。这种名叫uBOT-5的医疗辅助机器人，有两个轮子，可以用两只手捡起地上的小物件。除去在危急时刻可以拨打急救电话挽救病人生命这方面不说，uBOT-5还可以提醒病人按时吃药，为病人听诊，甚至还能帮助家庭打扫房屋和购物。同时，机器人uBOT-5还能与网络连接，当医生传达医疗指示后，它可以立刻通过身上的网络相机、麦克风以及传感显示器实现医生和病人的互动。

● 会做手术的机器人医生

"让机器人给病人动手术"，这一想法现在已经变成现实。我国郑州大学第一附属医院骨科研制的具有自主知识产权的"脊柱手术机器人"，目前已成功进行了动物试验。这台脊柱手术机器人分头、臂、身三部分，可以折叠，打开身子就是一个手术台。由电脑控制的机械臂可以上下左右灵活移动，通过导航系统按照编程可以准确找到手术部位。有趣的是，手术时机器人医生自己还会根据病人的胖瘦调整距离。当然它还有个极大的优点是"不怕吃射线"。现在做手术时，医生虽穿着防辐射铅衣，但双手仍暴露在X射线下，为了尽量少"吃"射线，医生要不停地跑开。将来，医生只需坐在手术室隔壁遥控就行了。对患者来说更重要的是，机器人的手术失误率远低于医生，比如往前走0.1毫米，对于人来说很难，对机器人却是小菜一碟。最厉害的是，医生将来坐到电脑前，能在几百千米外操控这种机器人。现在，远程会诊和图像传输都已没有问题。如果把手术机器人与目前的远程网络连接起来，今后，在一个控制中心就可以遥控机器人为不同地域患者开展手术。

在不久的将来，机器人医生将会被广泛应用到临床医疗中，专家做手术是在手术控制中心而不是手术台，这将不再只是电影中的场景。

外科手术机器人

近年来，随着电子计算机技术的发展及信息革命的进步，神经外科手术也取得了飞速的发展。对疾病本质认识不断深入，诊断方法不断更新，新技术、新方法不断涌现等，都促进了神经外科手术的发展。

● 神经臂机器人系统

加拿大卡尔加利大学外科专家加内特·萨瑟兰德博士带领的研究小组与研制航天飞机机械臂的MDA公司合作，研制出名为"神经臂"的外科手术机器人系统。有关专家认为，该系统将为外科手术带来变革，从而使显微手术产生革命性的突破。

外科手术特别是神经外科手术，受到人手准确性差的限制。发展于上世纪60年代的显微外科技术，使外科医生超越了人手精准、灵活和持久的极限，而"神经臂"系统则又极大地提高了外科手术的精准率，使外科手术水平从器官级发展到细胞级。利用该系统，外科医生可以通过操纵计算机工作站，使"神经臂"与核磁共振图像仪协同作战，从而在显微尺度下使用器械从事微细手术。"神经臂"需要与具有强磁场的核磁共振成像仪一起运行，它的开发是由医疗、物理、电子、软件、光学和机械等工程师合作进行的。项目启动时，MDA公司的工程人员与卡尔加里大学外科医生一起，确定了设计"神经臂"机器人的技术需求。由于医生和工程人员仅擅长于各自的专业，彼此难以沟通，把外科术语翻译成技术词汇面临很大的挑战。因此对将使用"神经臂"系统的外科医生需要进行专业培训。

- ● "神经手臂"外科手术机器人

脑外科手术以其风险大、难度高著称。加拿大科学家和机器人专家研制成功了世界首部脑外科手术机器人，这种机器人拥有敏锐的触觉和超凡的"视力"，可以有效帮助医生完成精微脑外科手术。

这种被称为"神经手臂"的机器人将脑外科手术与航天科技结合起来。它的出现使神经外科医生可以完成许多高危险性手术。机器人内置核磁共振成像装置，能够洞悉人体中最微小的神经构造，并绘制出清晰的3D图像。

"神经手臂"的操控设备类似一座驾驶舱，由手术医生负责操纵。医生通过观察一台立体图像显示器实现操作。显示器与机器触手相连，可以显示器官的纵深透视图。同时，医生可以参考旁边电脑上显示的核磁共振图像，甚至可以通过机器人内置麦克风听到它在人体内执行操作的声音。操控台还有一台显示3D图像的触摸屏。通过调整视角，医生可以全方位观察病人的病情。

多年专业训练与临床实践赋予了外科医生精确、稳定的双手。然而，即使如此也无法与带有自动修正功能的"神经手臂"相比。它能够自动避免一切错误操作，确保手术安全顺利。可以看出，"神经手臂"的目标是把复杂艰难的手术变得简单容易，把人力不可能完成的手术变得可以实现。

手术机器人的发明使外科医生能够应对一些人力难以企及的高危手术，如脑瘤的切除等。外科手术机器人的应用，提高了手术的精确度，从而大大地提高了手术的成功率，减少了病人的病痛。外科手术机器人的应用，使外科手术开辟了新的纪元。

脑外科机器人

机器人在医疗方面的应用越来越多，比如用机器人置换髋骨、用机器人做胸部手术等。这主要是因为用机器人做手术精度高、创伤小，大大减轻了病人的痛苦。从机器人的发展趋势看，用机器人辅助外科手术将成为一种必然趋势，脑外科手术方面机器人更是必不可少。随着一种新的脑外科机器人系统的推出，脑外科手术即将发生重大改变。脑外科手术机器手的目的在于通过将医生从人类手臂的约束条件中解脱出来，从而使脑外科和其他手术医学的分支发生巨大的变化。

● 英国脑外科手术机器人

英国阿姆斯特朗医疗设备公司新近研制了一种可以做脑外科手术的机器人。这种机器人可以在病人局部麻醉的情况下做极其复杂的颅内手术。有了它，治疗帕金森氏病、脑瘤、脑血栓等疑难病症的脑外科手术就简便易行多了。

这种机器人手术时仅需在患者头部打开一个直径3毫米的小洞，机器人由超高分辨率的颅内镜引导进入颅内并施行手术，颅内许多关键部位的手术都可以用它来完成，并可大大提高手术成功率。而且，患者手术后恢复健康快，一般术后第二天便能出院。

这种脑外科手术机器人目前主要用于对帕金森氏病的治疗。手术时，机器人将一根电极准确地送到患者颅内的手术位置，对患者的震颤性麻痹症进行治疗。此外，医院还可以用这种机器人来清除脑血栓；也可以用它将放射性药物放到脑瘤里，杀死癌细胞。

● 脑外科手术机器人

显微外科技术使得外科医生的精确度、准确度、灵巧性以及持久性达到了极限。而脑外科手术机器人则显著地提高了空间分辨率，这使得外科医生能够进行从器官到细胞层面的所有手术。科学家将脑外科手术机器人设计成为一种由外科医生通过计算机工作站就能够进行控制的机械手臂，这种脑外科手术机器人与实时核磁共振成像仪配合使用，它将为外科医生提供前所未有的细节和控制，使得他们能够在精微的范围内熟练操纵工具。脑外科手术机器人的先进外科测试目前正在进行当中。脑外科手术机器人是迄今研发的最先进的机器人系统之一。脑外科手术机器人的"生命力"源自医学、工程、物理以及教育领域的专业人士、世界各地的一些最具想象力的慈善家、高技术部门、众多的政府机构以及研究资助组织间的通力合作。

颅脑外科是外科手术的顶尖技术，机器人堪称计算机领域的顶级成果。现在颅脑外科手术的发展趋势是追求安全性、微创性和精确性，使用机器人系统符合了这些要求，并且在微创方面获得了传统治疗方法不可比拟的良好效果。

护士助手机器人

恩格尔伯格是世界上最著名的机器人专家之一，恩格尔伯格认为，服务机器人与人们生活密切相关，服务机器人的应用将不断改善人们的生活质量，这也正是人们所追求的目标。一旦服务机器人像其他机电产品一样被人们所接受，走进千家万户，其带来的改变将是革命性的。

● TRC公司的"护士助手"

TRC公司第一个服务机器人产品是医院用的"护士助手"机器人，它于1985年开始研制，1990年开始出售，目前已在世界各国几十家医院投入使用。"护士助手"除了出售外，还可出租。由于"护士助手"的市场前景看好，现已成立了"护士助手"机器人公司，恩格尔伯格任主席。

"护士助手"是自主式机器人，它不需要有线制导，也不需要事先做计划，一旦编好程序，它随时可以完成以下各项任务：运送医疗器材和设备，为病人送饭、送病历、报表及信件，运送药品，运送试验样品及试验结果，在医院内部送邮件及包裹。

该机器人由行走部分、行驶控制器及大量的传感器组成。机器人可以在医院中自由行动，其速度为0.7米/秒左右。机器人中装有医院的建筑物地图，在确定目的地后机器人利用航线推算法自主地沿走廊导航，由结构光视觉传感器及全方位超声波传感器可以探测静止或运动物体，并对航线进行修正。它的全方位触觉传感器保证机器人不会与人和物相碰撞。车轮上的编码器测量它行驶过的距离，在走廊里，机器人利用墙角确定自己的位置，而在病房等较大的空间里，它可利用天花板上的反射带，通过向上观察的传感器帮助定位。需要时它还可以开门。在多层建筑物中，它可以给载人电梯打电话，并进入电梯到达目标楼层。紧急情况下，例如某一外科医生及其病人使用电梯时，机器人可以停下让路，2分钟后再重新启动继续前进。"护士助手"机器人有较大的荧光屏及良好的音响装置，用户使用起来方便迅捷。

● 传染病病区助手机器人

一种能够在传染病病区帮助护士工作而无需担心感染病毒的"助手"——无线遥控医用服务型机器人在我国哈尔滨工程大学研制成功。这位"助手"高半米左右，重约50千克，全身上下四四方方，像个小柜子，主要由车体、喷雾消毒器、无线遥控系统、摄像与无线图像传输系统、遥控监视器等组成。据研制者——哈尔滨工程大学机电工程学院孟庆鑫教授介绍，"护士助手"能出色完成病区消毒、为病人送药、送饭及取送生活用品等任务，还能协助护士运送医疗器械和设备、实验样品及实验结果，处理病区垃圾等。"护士助手"十分"勇敢"而且"尽职尽责"，能够深入病区连续工作2个小时，最多可以一次向病区内运送重达35千克的物品。工作时，它的6只轮子配合协调，以每秒0.7米左右的速度走进病区，随后病区内的情况将通过摄像头发射到设置在病区外的监视器上，工作人员可在200米以内根据这些图像遥控"护士助手"完成指定任务。护士助手机器人是当今服务机器人中典型的一类，是最受关注的服务机器人之一。

"护士助手"是自主式机器人，可以识别病房和床位，可以被用于危险性大的传染病房，如SARS、结核、肝炎病房等。

康复机器人

康复机器人作为医疗机器人的一个重要分支，它的研究贯穿了康复医学、生物力学、机械学、机械力学、电子学、材料学、计算机科学以及机器人学等诸多领域，已经成为国际机器人领域的一个研究热点。目前，康复机器人被广泛地应用到康复护理、假肢和康复治疗等方面，这不仅促进了康复医学的发展，也带动了相关领域的新技术和新理论的发展。

康复机器人是工业机器人和医用机器人的结合。20世纪80年代是康复机器人研究的起步阶段，美国、英国和加拿大在康复机器人方面的研究处于世界的领先地位。1990年以前全球的56个研究中心分布在6个工业区内：美国、英国、加拿大、欧洲大陆和斯堪的纳维亚半岛以及日本。1990年以后康复机器人的研究进入到全面发展时期。目前，康复机器人的研究主要集中在康复机械手、医院机器人系统、智能轮椅、假肢和康复治疗机器人等几个方面。

● Handy1康复机器人

Handy1康复机器人是目前世界上最成功的一种低价的康复机器人系统，现在有100多名严重残疾的人经常在使用它。在许多发达国家都有人采用了这种机器人。

目前正在生产的机器人能完成3种功能，由3种可以拆卸的滑动托盘来分别实现。3种托盘分别具有吃饭、喝水、洗脸、刮脸、刷牙以及化妆的功能，可以根据用户的不同要求提供。由于不同的用户要求不同，他们可能会随时要求增加或者去掉某种托盘，以适应他们身体残疾的情况，因而生产灵活可更换的托盘是很有必要的。

部件多了操作起来就容易很复杂，为此给这种机器人研制了一种以PC104技术为基础的新的控制器。为了将来便于操作，设计了一种新颖方便的输入/输出板，它可以插入PC104控制器，具有以下能力：语音识别、语音合成、传感器的输入、手柄控制以及步进电机的输入等。

可更换的组件式托盘装在Handy1的滑车上，通过一个16脚的插座，从内部连接到机器人的底座中。目前该系统可以识别15种不同的托盘。通过机器人关节中电位计的反馈，启动后它可以自动进行比较。它还装有简单的查错程序。

Handy1具有通话的能力，它可以在操作过程中为护理人员及用户提供有用的信息，所提供的信息可以是简单的操作指令及有益的指示，并可以用任何一种欧洲语言讲出来。这种装置可以大大提高Handy1方便用户的能力，而且有助于突破语言障碍。

● 肌肉康复机器人

科学家们还为偏瘫患者研制了一种融合单、多关节及日常生活功能行动作训练的康复机器人系统。根据偏瘫患者上肢单侧受损的特点，提取偏瘫患者的健康一侧肢体运动的表面肌电信号，用于驱动康复机器人，辅助患者患病——侧肢体实现康复训练动作。试验结果表明该方法准确地完成了对上肢康复动作的识别。该方法有利于提高中枢神经系统紧张度，促进血液循环，在康复的同时防止并发症的产生，更有利于提高患者运动积极性，保持患者正确运动的感觉。

康复机器人的简单性以及多功能性使它对所有残疾人群体以及护理人员都极具吸引力。康复机器人为有特殊需求的人们提供了较大的自主性，使他们增加了融入"正常"环境中的机会。

抢险救生机器人

地震会致使房屋倒塌，交通中断，大量的群众被埋在废墟之中。及时救援是地震灾后首要工作。如何做到既能及时展开救援，又能保证被埋在废墟之下的幸存者的人身安全，成为救援的难点。虽然目前有生命探测仪、挖掘机等救援工具，但对废墟中深埋的被困者的救援仍需大量时间。不少被困者因得不到及时救援，而最终失去了宝贵的生命。这时候，人们在想："要是有一种废墟救援机器人，那该多好啊！"结果，南宁市两名中学生就发明了这样一种小型废墟救援机器人！

● 我国中学生研制的地震救援机器人

我国南宁市两名中学生研制的这种废墟救援机器人长43厘米、宽22.5厘米、高14厘米、净重2.2千克，负载重量2.6千克，可以在废墟的瓦砾之中自如通行，即使翻车也能用顶部的履带继续行走。这种机器人的运动系统主要由电池组、4个高扭矩马达、4个变速箱、4套齿轮组、4个驱动轮、两套避震轮以及两套履带组成。据设计者介绍，该废墟救援机器人功能可分为控制系统、监视系统、运动系统及物资输送系统4大部分。除可以在地震灾害环境中大显身手外，在矿难、野外探险、山体滑坡等灾害情况及与地震相似的环境中，这种救援机器人也可以通过更换部分零部件的方式，按照不同灾情需要进行换装，使其能够胜任各种不同的灾难救援工作，挽救更多被困者的生命。可见，这种救援机器人有着非常广阔的市场前景和应用价值。

● 清雪救援机器人

2006年1月下旬，日本关东地区遭遇十几年来未有的特大雪灾，为了尽快处理好雪后灾情，日本著名机器人制造企业Tmsuk公司迅速制造出了一款雪后山地抢险救援机器人——T-52Enryu。该机器人身高3米，机械臂的伸展长度为4米，能轻松地抱起一辆小轿车；重达6吨，每个机械臂能抬起410千克的重物。设计人员给"Enryu"制定的主要工作任务是清扫积雪、搬运山地雪崩后形成的大雪块以及救援深陷雪中的小轿车。"Enryu"实际工作前的最后一次性能。测试中，它顺利将一辆深陷在积雪中的小轿车拖了出来，并通过活动灵巧的机械臂把附近平房屋顶的积雪全部清扫干净。

抢险救生机器人是一个科学上的巨大成果，更是国家和人民的守护神！

搜救机器人

搜救机器人的特点是轻便，它能够穿越粗糙的地形和狭窄的空间，绕过障碍物，爬楼梯，快速搜索；它耐热，防火，防水，抗震，防腐蚀……综合运用传感器，能够在移动中灵敏探测、收集并确定受灾者的信息状态；通过无线通信联络，实时获取现场图像，绘制结构图，确定受灾者的精确位置和可能的通路；运用导航技术提高机器人搜索效率和范围；通过人机交互界面提供足够的参考信息，制定机器人行动预案；灵活准确控制机器人的移动方向和设备操作，使用多个机器人组成群体系统，协调完成任务。

● 煤矿搜救机器人

我国首台煤矿搜救机器人（样机）在江苏徐州诞生，该机器人由中国矿业大学可靠性与救灾机器人研究所研制。目前这台搜救机器人采用点对点式的无线控制方式，有效控制范围为300米。由葛世荣教授领导的科研小组研制使用中继站式无线通信方式，成功后将可实现对机器人1.5千米范围内的无线控制。煤矿搜救机器人采用自主避障和遥控引导相结合的行走控制方式,它能在矿难发生后深入事故现场探测火灾温度、瓦斯浓度、灾害场景、呼救声讯等信息,并实时回传采集到的信息和图像,为救灾指挥人员提供重要的灾害信息。同时,机器人还能携带急救药品、生命维持液、食品和千斤顶、撬棍等自救工具,以协助被困人员实施自救和逃生。此机器人通过改装后还可广泛应用于地面救火、有害气体测试等方面。

● 德国研发的RFID搜救机器人

2005年,德国灾害营救人员在经过2005年发生卡特里娜飓风灾害的新奥尔良时,会在建筑物上做些标记,以告知后面的人员或者警告那些迷失方向的人:他们已经到达了特殊地带。现在,德国研究人员已研制出一种RFID编码系统,由机器人和人类一起参与灾害区的搜救工作。此系统会将受灾害影响的地区以地图的形式呈现出来并将灾害信息发送到指挥中心。此系统的工作原理是:救援人员和机器人一起把RFID标签贴在受灾难袭击的建筑物上,然后记录关键信息,其他人员只需使用PDA读取信息,然后采取行动。另外,所有的数据集合起来就会确定标签的具体位置,并为指挥中心提供一致的地图。2008年初,研究人员使用有源标签测试了只有机器人参与的系统。从试验中看到,标签的环境和位置都会影响信号路径。所有这些变量,通过信号强度就能测算出来。如果在室内环境下应用此系统将更加困难,因为信号可能会受物体和墙壁反射,从而导致信号繁殖。不过,如果事先了解3-D模型的话,在室内使用RFID系统是可能的,它将是最有前途的解决方案。

MesaRobotics公司生产的Matilda机器人能够在受灾城市中的操作帐篷内等候病人。它的重量为28千克,可以举起两倍于其体重的负荷;据得克萨斯工程扩展服务组织称,它配备了音频视频输入和化学、生物、放射性感应器,可以检测出化学战剂、放射线和许多其他的潜在危险。

这些搜救机器人的诞生,使我们在今后的搜救中能更好地展开工作,及时救出受困人员。手臂思维控制机器人

手臂思维控制机器人

"仿生手臂"成为现实，主要归功于截肢手术的两个因素。首先，即便是某些自主肌已经截除，无法控制，脑的运动皮层（控制自主肌的运动）仍然能够发出控制信号；第二，截肢时，并未切除所有曾经向该肢体运载信号的神经。也就是说，即便手臂已经切除，可以正常工作的神经末梢依然存在，它们在肩部中断，无处发送信息。

● 美国研制的手臂思维控制机器人

在美国加州举行的Darpa系统与技术讨论会上，约翰·霍普金斯大学应用物理研究所的研究人员展示了他们开发的世界最先进的第二代仿生手臂——手臂思维控制机器人。它比新一代人造手臂机器人更灵活轻便，更加自如控制，并提供更好的感觉反馈，远远高于当前假肢的技术水平。

新仿生手臂机器人像戴上袖套的真手臂，25个自由度比手还灵活，可做30个不同动作，包括弯肘、转动手腕和肩膀、打开和握紧手指。

约翰·霍普金斯大学应用物理研究所的工程师乔纳森·库尼霍姆戴上新一代手臂机器人进行了展示。库尼霍姆2005年当海军时失去了右手，这成为他潜心开发人造手臂的最大动力。在展示时，库尼霍姆右手残端套上了一个碳纤维布袖子，碳纤维袖子上的电线连着一台电脑。在他面前的电脑显示屏上，可以清楚地看到他"第二右手"的一举一动。拆开碳纤维布，此人造手看起来像是银色的不锈钢，可以完成一系列细微动作：握球、握圆柱、竖食指、将拇指压至掌心等。所有动作都是按照来自库尼霍姆肌肉指令进行的。当然，这些指令不是直接由肌肉来传达，而是通过袖子上的电极来采集这些信号，然后将这些信号输入电脑中，通过模式识别软件的处理再变成电脑指令，指导人造手完成各种动作。

新手臂思维机器人还有紧急暂停按钮。当手臂机器人出现故障，如电线有问题，它就会自我损坏，甚至毁坏附近的设备。这时人们只要按下紧急暂停按钮，就能停止灾难的发生。

● 芝加哥手臂思维控制机器人

芝加哥康复研究所向公众介绍了首位将要安装手臂思维控制机器人的女性。因摩托车事故进行左臂肩部截肢手术的克劳迪娅·米切尔，现在只需在头脑里想一下"拉开抽屉"，就可以用义肢把抽屉拉开了。能够用自己的思维控制义肢进行复杂的动作，这为截肢患者开辟了全新的世界。

克劳迪娅·米切尔来自马来西亚，是一名海员。2004年，她在一次车祸中不幸失去了左臂。来自美国芝加哥康复中心的医生首先给米切尔装了一支机械手臂。然后，从米切尔的肩部取出一部分神经组织，把它们植入她的胸部肌肉下面。当米切尔想活动假肢的时候，神经组织就会接受大脑信号使胸部肌肉运动，并产生微小的电流脉冲。最后，机械手臂通过内置计算机接收并计算信号，驱动电动机使手臂运动。整个过程可以在瞬间完成。

米切尔现在已经可以用这种"仿生手臂"完成包括叠衬衣在内的各种动作，甚至还可以自己打开一瓶红酒。

手臂思维控制机器人的发明和应用无疑给手臂残疾的朋友带来了福音，使他们能像正常人一样自由地生活。

医院配药机器人

以往配药，都是药师拿着处方找药。可现在，有时患者发现等待取药的时间特别短，只要药师一按电脑鼠标，IRON-药品智能存取系统就会运转，将处方上的药自动送至药师面前。

IRON-药品智能存取系统是以垂直旋转运动进行认址为工作原理的药房自动化系统。系统接收处方信息后，自动将药品送至药师面前，并提示所在位置。该系统实现了药房调剂模式由"人找药品"到"药品找人"的转变，同时可以记录药品的进药时间、批号、效期和包装信息，进行信息化管理。该系统的功能特点是可以储存多种包装形式的药品，提高药品的存放率，有效避免拣取和存放药品的错误，减少拣取药品的路程，降低劳动强度，大大缩短取药时间，准确跟踪药品的储存，确认药品的有效期、数量、发放情况，还可通过条形码扫描技术核对，大大缩短核对时间，避免灰尘侵蚀以及药品的丢失和串位。

泰国一家医院引进"药房机器人"，成为亚洲引进自动药物管理系统的首例。据说，这个药房机器人可以大幅度降低人为出错的几率，也可以提高病患领药的效率。药剂师在药房里配药包装的情形逐渐变成过去时，取而代之的将是药房机器人的自动药物管理系统，只要和医院计算机系统联机，医生开药输入计算机之后，药房机器人就会开始执行指令，从配药到包装的一体化作业将指日可待。

基于提升医院管理效能的角度，药房机器人似乎是个趋势，虽然科技取代人力无法抵挡，但科技也会让人重新思索自己的定位。

● 封装片剂机器人

一般有很多配药公司需要全自动封装机把片剂放入胶囊中。当手工操作时，由于胶囊的外皮较软，会产生较高的划伤率，需要设计并安装一条自动封装系统解决此问题。于是，设计人员采用集成视觉系统更新了机器人，将特别的臂端真空吸附工具和输送系统与现有的封装机相配合。操作员在输送带上装上盛有待封装片剂的托盘，在托盘被送到机器人工作封装区后，视觉系统检测到每个托盘的位置并与机器人通信，装有控制器的机器人移动到托盘上并拣取片剂。臂端工具的一个特点是每个"手指"被独立激活，独自把片剂拣取并放置。在拣取片剂后，机械手旋转到放置位置并把片剂放入胶囊中。

模拟患者机器人

如果一开始就让许多实习医生面对真正的患者，他们肯定会非常紧张甚至出差错，但是在机器人身上动刀，就可以重复练习多次而不会紧张。"机器人患者"上的练习，从给"机器人患者"打针到给"机器人孕妇"接生无所不包。这些用以练习的"机器人患者"，不仅外形逼真，身体里面各种必备的人造器官也一应俱全，如血管里面流着人造血，甚至还有模拟的呼吸系统，从外形上看，几乎和真人一样。此外，操纵者还可以通过计算机控制，让"机器人患者"模拟各种复杂的疾病。

意大利推出了一种可以模拟各种病人或受伤者的机器人,这个名叫"山姆"的机器人又称"医学同步模拟机器人",在它的身上,许多地方和普通患者毫无差别:它有脉搏,有血压,会呼吸,可以眨眼睛,甚至能够分泌出体液。

"山姆"是意大利卫生部制订的"生命保险箱"计划的重要一环,目的是帮助急诊室大夫积累经验,它能以逼真的方式同步模拟患者的一举一动。于是,可怜的"山姆"成了全意大利病痛最多的公民,不但天天被推进急诊室,染上的还全是棘手的重症:要么是严重的心脏病,要么是车祸后严重的内、外伤。而有了"山姆"之后,急诊室大夫无疑有了很多练手的机会。

在"山姆"的身上,大夫还可以实施多种治疗手段:心脏除颤、注射、气管切开、导管插入等等,也可以让它在服用各种药物后出现用药过量或是用药有误情况,这时它的身体马上会做出反应,严重时甚至会自动结束自己的"生命",宣告抢救失败。大家很快就喜欢上了这个"不怕死"的重症患者,一名参与过训练的大夫评价说:"比起传统的训练手段,'山姆'的训练效果非常突出,它可以成功模拟出许多病症,让我们学习如何应付最复杂的情况,而且不必付出生命的代价。"

当然,"山姆"毕竟不是真实的患者,还有许多重症和并发症不能模拟。它的设计者希望,下一代"山姆"不但可以模拟出更多的医学重症如糖尿病、高血压、哮喘等等,而且从外形上,"山姆"也可以告别现在的单一模式:"模拟效果越逼真,医生练习时就越投入,从练习到实战的心理转化过程也就越容易。根据使用者的反馈,大夫们希望'山姆'的定位越来越精细,比如说,未来推进急诊室的'山姆',身份可以准确到这个地步:'她'是一名女性患者,成年,有吸烟史,心脏瓣膜发生病变,且对多种药物过敏。"

微型医用机器人

微型医用机器人巧妙地利用人体内腔中的黏液作为介质,利用运动过程中驱动器产生的动压效应使微型机器人悬浮在内腔中,同时利用黏液在运动过程中形成的摩擦牵引力，带动微型机器人前进。由于微型医用机器人在体内运行过程中，能与内腔壁之间形成动压黏液润滑膜，此膜能避免微型机器人与内腔壁之间发生直接接触，因此它在体内运动时不会给内腔有机组织造成损伤，从而可减轻或消除微型机器人在体内运动时给患者带来的不适与痛苦。

● 神奇的微型机器人

瑞典科学家研制了一种可移动单个细胞或捕获细菌的微型医用机器人，这种微小的机器人比单词中的连字符还要短、比句子末尾的句点还要窄。科学家认为，这种机器人可能会被用于微型外科手术，它的形状和姿态可能各不相同，但都采用同样的微型肌肉技术。这些微型机器人可以用于制造其他微型器械，就像汽车可以由自动机械制造一样。在医学上，这些机器人可以把单个细胞从一个地方移到另外一个地方。

具有突破意义的是它们被浸没在液体（如血液、尿液和细胞培养基）中也能工作。这意味着它们将有可能在生物工程技术中发挥作用。以前也出现过许多种微型机器人，如采用电极和控制杆的电子设备、人造飞虫和能移动的硅机器人等，但还没有一个能在水中操作。

● 微型医用机器人的功用

这种直径1厘米、长2厘米、重仅为5克的医用机器人可以到达人体内患病处，并能与其他医疗器械配套使用。中国科学家也研制出一种功能非常奇妙的医用微型机器人，它能够游动于人体之中并对人体动脉进行清洁工作，还能够将药物"运输"到人体各个患病部位。它依靠外部磁场的作用在人体内进行活动。医生还可以通过改变该磁场的振动频率来控制它在人体内的移动速度。

这项研究工作尚处于初级阶段，技术成熟后这种微型机器人的长度便能达到1毫米。听起来已经足够微小了，但科学家们的最终理想远非如此，他们的目标是研制出长度仅为0.1毫米的微型机器人，到那时机器人便可以自如地游走于人体血管，当然要实现此愿望还有待纳米技术领域取得新突破。

超微医用机器人

随着科技发展的日新月异，各种功能的机器人似乎已经离我们的日常生活越来越近了。一贯"钢铁之身"的机器人如今也有了"骨肉之躯"。科学家将生物技术与纳米技术结合起来，首次研制出"身上长有肌肉"、高度不到1毫米的超微型机器人。

● 分子机器人

最新研制出的一款"分子机器人"的性能在很多方面都超越了先前的产品。据介绍，这部分子级机器人由两条相互连接的"腿"构成，而这两条"腿"则由DNA片段制成。分子机器人的两条"腿"能够附着在特定的DNA序列上并沿着它缓慢地移动。它的运动机制是机器人的一条"腿"固定到DNA上后，另一条便会自动与后者分离，这样周而复始的重复动作，便可推动机器人行进。当机器人的"腿"离开DNA表面后，便能够帮助机器人从那些特殊的分子处获得能量补充。这种分子机器人还存在着一些缺陷：它的"腿"在行进时有可能会失控，从而阻碍其行进得更远。

● 最新动态

美国加州大学利用"活的"肌细胞与纳米技术相结合，为超微型机器人安装了"肌肉"和"骨骼"。然后，再通过纳米级的物质表面化学特性，给肌细胞发出移动信号，肌细胞收到信号后就会做出像真的肌肉与骨骼那样的动作与"生物机能"。这种"骨骼"既是一种塑料，又是一种半导体材料。借助于"骨骼"，再给这些机器人极精密的结构组织装上铰链，使其可以前后移动并弯曲。然后，将"活的"肌细胞安装在微型机器人"身上"，它可以用在一系列微型器械中，甚至可以驱动微型发电机，为电脑芯片提供能量。

● 我国研制的纳米机器人医生

由重庆本土金山科技公司研创的一种长得十分奇特的"重庆籍医生"日前在国际上名声大噪——该"医生"长得像一颗胶囊，把它吞进肚里，消化道内的情景就可以像放电影一样在电脑屏幕上一目了然。它现已正式获得国家"863计划"基金扶持，相关科研人员准备花3年时间，让该机器医生长出手脚给人治病。该医生"腰围"11毫米，"身高"25.4毫米，以纳米技术的微机电系统为核心，内置有摄像与信号传输等智能装置，外包无毒耐酸碱塑料，为一次性使用品。这种机器人目前只能钻进人的肚子里通过传输图像"瞧病"，还没有治病的本事。它还需要学会以下医疗技术：当机器人医生发现可疑病变组织后，立即能伸出"手"来取样进行活检；发现胃出血等病症后，可以长出"脚"来，像医生一样对病变部位进行修复和治疗。这一切都是在不知不觉中完成的，这样患者就可以在接受"手术"期间仍然能照常上班和进行户外运动。这种机器人医生适用的疾病不仅包括常见的消化道疾病，还包括食管癌、胃癌、肠癌的活检。目前这些手术还需要开刀进行。

到目前为止，除中国之外，全球范围内只有以色列研制出了同类产品，日本正在紧锣密鼓地研制，但产品至今还未问世。目前，以色列机器人供电能力不超过8小时，检查完小肠后就没电了；而重庆研制的机器人供电能力已经达到15小时，能够对人的肠道进行全面检查，而且在人体内拍摄的图像更为清晰。

口腔修复机器人

牙齿是人类健康的保护神，拥有一口结实、完好的牙齿是身体健康的保证。然而随着人年龄的增长，牙齿将会出现松动脱落。目前，世界上大多数发达国家都步入了老龄化社会，很多老人出现了全口牙齿脱落。全口牙齿脱落的患者，称为无牙颌，需用全口义齿修复。在我国，目前有近1200万无牙颌患者。人工牙列是恢复无牙颌患者咀嚼、语言功能和面部美观的关键，也是制作全口义齿的技术核心和难点。传统的全口义齿制作方式是由医生和技师根据患者的颌骨形态，靠经验用手工制作，而这已经无法满足日益增长的社会需求。

● 英国超冷光美白机器人

英国超冷光美白机器人是利用高科技特殊超冷光技术研制而成的，

可在短短的30分钟内快速洁白因各种因素变黄、变黑的牙齿。白过程中牙齿不会有酸胀感觉；另外，超冷光美白是在牙齿全面涂抹昂贵、无害的美白材料之后，对全口牙齿进行一次照射，超冷光牙齿美白机器人由于采用LED冷光源，不产生热效应，完全避免操作过程中牙神经的不适，所以在美大大缩短了美白时间。催化凝胶与色素发生反应，使美白因子快速渗透，去除牙齿上的色素及恢复牙齿健康洁白的色泽。同时配备牙龈保护剂，从而更安全地快速美白牙齿。这对于有四环素牙、色斑牙的朋友来讲是安全美白牙齿良好的选择，同时还可以起到杀菌的作用，从而消除牙龈的炎症，使牙体更加坚硬。基于机器人可以实现排牙的任意位置和姿态控制，利用口腔修复机器人相当于快速培养和造就了一批高级口腔修复医疗专家和技术员。利用机器人来代替手工排牙，不但比口腔医疗专家更精确、以数字的方式操作，同时还能避免人为因疲劳、情绪、疏忽等原因造成的失误。这将使全口义齿的设计与制作进入到既能满足无牙颌患者个体生理功能及美观需求，又能达到规范化、标准化、自动化、工业化的水平，从而使牙科医学取得长足进步。

● 口腔修复机器人的构成和功效

机器人辅助全口义齿排牙系统包括硬件和软件两部分。硬件包括微机、CRS机器人、三维激光扫描仪、电磁手指、排牙器、光固化光源及树脂和光导纤维、塑料人工牙、机器人控制器的输出电路的零部件等。软件包括专家经验排牙模块、三维模拟排牙显示模块、控制机器人数据输出模块等组成。由排牙软件产生的排牙数据传递给机器人控制程序后，由机器人完成排牙器的定位工作，并最终完成全口义齿人工牙列的制作。利用机器人辅助全口义齿排牙系统是一种理论和技术上的创新和突破，使全口义齿的设计与制作提高了制作效率和质量，将具有很好的社会效益、经济效益和应用前景。口腔修复机器人的出现可以让人类的口腔得到更好的保护，无论是年迈的老人，还是年幼的孩子，拥有一个完美的口腔都是大家所希望的。

进入血管的机器人

血管疏通机器人的发明,把我们带进了一个全新的医学领域,提供了一种崭新的医学手段。轻松疏通血管,饿死肿瘤已不是幻想,用血管疏通机器人实施手术非常简单,根本用不着开胸、开颅,甚至用不着麻醉,唯一留下的创伤就是穿刺血管的针眼儿,可以说是真正实现了微创手术。

● 血管疏通机器人

一种能够以人体血管为通道运行的机器人,已在实验室研制成功。该机器人的工作方法是,用释放器将工作头放入血管,工作头在血管中完全按照人发出的指令,完成前进、后退、大角度转向、顺时针旋转、逆时针旋转等动作,以便清通血栓。它配备有多种规格的工作头,可根据病变部位血管直径大小选择使用,确保有足够的回转空间。当工作头完成疏通任务后,顺原路返回,再由释放器实施回收。根据工作性质的不同,血管疏通机器人分为疏通工作型和填塞工作型两类。利用疏通工作头疏通血管,治疗心脑血管堵塞类疾病,如脑血栓、卒中、心肌梗死等等。利用填塞工作头阻断人体多余组织的血液供给(饿死法)治疗多余组织类疾病,如治疗各种肿瘤、癌症等等。

● "希腊海神号"血管机器人

澳大利亚墨尔本市莫纳什大学的研究人员发明了一种可在人体血管中自由穿行的"微型潜水艇",它的直径不到两根头发粗,可以在病人血管中拍摄照片、提取活组织切片,或者注射药物,为病人提供前所未有的先锋性医学治疗。这种可在人体血管中穿行的"微型潜水艇"被科学家取名为"希腊海神号"。它拥有世界上最小的发动机,发动机的直径仅有0.25毫米,能够穿行于卒中患者结构复杂的大脑血管中。"希腊海神号"在血管中是以模拟大肠杆菌运动方式的方法运行。"希腊海神号"使用的推进器不是螺旋桨,而是一根不到1毫米长的"尾巴",这根"尾巴"每秒钟可以摆动数千次,从而推动"希腊海神号"在血管中穿行。"希腊海神号"的头部安装着一部小型照相机,它可以从体外进行遥控,向手术大夫发送在人体内拍到的重要照片;它可以提取活组织切片,供医生们进行活组织检查;它还可以将至关紧要的药物运送到人体内最需要的地方——譬如它可以将放射性治疗药物运输到患者体内的肿瘤附近,直接将癌细胞杀死,这种疗法对于局部前列腺癌患者、脑部和颈部肿瘤患者都特别有效。

● 进入血管的纳米机器人

人类的血液循环系统由静脉和动脉构成,极为复杂,一个可行的纳米机器人必须又小又灵活,在人体里面的行进才能畅通无阻。同时,它还要携带药物治疗或微型工具。假设纳米机器人并非永远留在病人体内,它还必须找到出口。按照设想,这些通过显微镜才能看到的纳米机器人,将能够治疗很多疾病。虽然只能携带很小剂量的药品或小型设备,但很多医生和工程师认为,精确地使用这些工具将比多数传统治疗方法更加有效。比如,很多人都知道,由于抗生素在病人的血液里流动时会被稀释,只有一部分能到达感染的部位,因此,为提高患者免疫能力,医生需要为患者注射大剂量抗生素,而这不可避免地会带来副作用的困扰。然而,纳米机器人(或一组纳米机器人)可以直接前往感染部位,提供小剂量却有效的药物治疗,从而相应减少药物的副作用。

纳米机器人的应用有着无限潜力,而其中最有潜力的是治疗动脉粥样硬化、抗癌、去除血块、清洁伤口、帮助凝血、祛除寄生虫、治疗痛风和粉碎肾结石。以治疗肾结石为例,纳米机器人可以携带小型超声波信号发生器,通过直接发射超声波粉碎肾结石。

纳米机器人技术的另一项应用潜能是,它可以再造人类的身体,最终使其百病不侵,增强人类体能,甚至提高人类的智商。

人在一生中患上心脑血管类疾病或肿瘤类疾病的可能性几乎是100%,人人都可能成为血管疏通机器人技术的受益者。病魔离我们并不远,疾病可能就发生在明天或后天、明年或后年。心脑血管疾病是当前人类的第一杀手,死亡率及发病率最高,每年全球死于心脑血管疾病的人数高达1500万人,而且逐渐趋于年轻化,能进入血管的机器人的发明,无疑成为治疗这类病症的最佳解决办法。

娱乐无极限

模仿表情机器人

人工智能的发展可谓日新月异,机器人研究制造水平早已不仅仅停留在科幻影片中,科学家们制造出了各种各样独特功能的机器人。具有人类头部外形特征的仿人头像机器人的研究能够促使未来机器人朝着人性化、情感化方向发展,促进未来机器人与人类进行自然、和谐、友好的交流。其研究对于丰富和发展机器人学具有深远的意义。目前,世界上许多国家都在研究和发展模仿表情机器人,并且都取得了一定的成绩。

● 仿真研究

早期的模仿表情机器人的研制是十分困难的,设计一个仿人的机器人头部,以实现各种表情,来表达机器人内在的情感状态,最终使机器人能通过丰富生动的表情与人进行自然流畅的情感交流并不是一件容易的事。仿人机器人需要具备的特点有:与人类似的传感系统、语音接收、图像接收、感觉系统等等;有类似人的外形和类似人的思维和行为;必须能够通过对所接收到的图像和声音短时间内做出相应的回应。

● 机器人"朱尔斯"

英国一支专家团队已经成功研制出一种新型机器人,这种新型机器人被命名为"朱尔斯"。通过脑内软件控制,它能轻松地分辨10种人类面部表情,并可以随即复制。朱尔斯的脸部皮肤由一种特殊材料制成,非常有弹性,而眼睛是一对扫描仪,可以将看到的表情转换成数据,传送到脑袋里的34个微型发动机,控制面部模仿人类表情。其最终模拟出人的表情速度之快,就像一个人照镜子看到自己的表情一样。这种机器人可以成为老师的好帮手、老年人的好伙伴,在保健和教育领域为人类提供帮助。

● 模仿表情机器人的新发展

机器人的自由度是衡量机器人技术水平的一个重要参数，自由度越多，机器人可实现的动作越复杂，通用性也就越好。借助于机器人的最新研究，可以揭示出，认知实际上可能是从激发精神生活的亲身经历和行为进化而来的；新一代的机器人可能最终将提供进入人类精神发育途径的关键认识。麻省理工学院一个机器人科研小组研制了一款名叫"奈克西"的机器人，在它的面部有15个自由度，可以做出凝视、抬眉毛、眨眼睛和开口讲话等动作；其研制的另一款机器人里奥则有69个自由度，其中32个在面部。所以，他能够做出与人类非常相似的面部表情，是当今世界上表情最丰富的机器人。这款机器人包括一套评估和模仿可察觉面部表情的系统。在实验室与人交流时，里奥学会了将特定的面部表情与相关的反应联系在一起。机器人奈克西也安装了评估人类声音性质的特定传感器。这样，声音的反馈就使得奈克西强化了他人面部表情与其个人情感之间的联系。作为新一代的机器人，它表现出的是最新的人工智能，其设计理念不再是循规蹈矩，而是具有了学习功能。在社交机器人这样一个新兴的发展领域，像奈克西和里奥这样的机器人，正在试图与人交流并向人类学习。

跑步和溜冰机器人

模仿人的形态和行为而设计制造的机器人就是仿人机器人，一般分别或同时具有仿人的四肢和头部。仿人机器人的研究在很多方面已经取得了突破，如关键机械单元、基本行走能力、整体运动、动态视觉等。双足运动机器人的发展也属于仿人机器人的研究。可以说双足仿人机器人的开发与设计困难重重。难点主要在两个：机器人机械结构和动力，以及传感器和控制系统。无论是会跑的双足机器人还是会溜冰的双足机器人，都是基于最早的双足仿人机器人而制造的。

● 两足步行机器人

两足步行是步行方式中自动化程度最高、最为复杂的动态系统。两足步行系统具有非常丰富的动力学特性，对步行的环境要求很低，既能在平地上行走，也能在非结构性的复杂地面上行走，对环境有很好的适应性。与其他足式机器人相比，双足机器人具有支撑面积小，支撑面的形状随时间会有较大变化，重心的相对位置高等特点。双足是其中最复杂，控制难度最大的动态系统。但由于双足机器人比其他足式机器人具有更高的灵活性，因此具有自身独特的优势，它更适合在人类的生活或工作环境中与人类协同工作。

● 第一台仿人步行机器人

1996年11月，本田公司研制出了自己的第一台仿人步行机器人样机P2，2000年11月，又推出了最新一代的仿人机器人ASIMO。ASIMO是当时世界上最先进的仿人行走机器人。它身高1.2米，体重52千克，行走速度是1.6千米/小时。早期的机器人如果直线行走时突然转向，必须先停下来，看起来比较笨拙。而ASIMO就灵活得多，它可以实时预测下一个动作并提前改变重心，因此可以行走自如，进行诸如"8"字形行走、下台阶、弯腰等各项"复杂"动作。此外，ASIMO还可以握手、挥手，甚至可以随着音乐翩翩起舞。

● 跑步机器人

近些年来仿人跑步机器人逐渐成为世界上的一个研究热点。和其他移动方式的机器人相比，仿人跑步机器人具有速度快、效率高和受环境限制少、运动灵活等特点。对它的研究也可以带动其他相关学科的发展。因此，仿人跑步机器人的研究不仅具有重要的学术意义，而且有现实的应用价值。2003年12月18日日本索尼公司宣布开发出世界上第一个会跑的机器人。机器人名字叫"QRIQ"，身高50厘米，和人一样长着两只脚，外形非常像人。"QRIQ"可不是那种不会走就想跑的"激进派"，它是在走得很稳的基础上再开始跑步。在步行的时候，它会不断检查自己的姿势，修正自己的动作，因为跑动的时候，整个身体瞬间离开地面，调整不好姿势肯定摔跟头。浮在空中的瞬间，"QRIQ"会精确预测自己身体姿势的功能，可大幅缩小落地时的误差。

2007年1月9日，经过7年的努力，在美国拉斯维加斯举行的国际消费电子展上，本田公司研制出了 ASIMO 改进型机器人。该机器人每小时能跑 9.6 千米，几乎与人类跑步的速度相同。它跑步时与人一样能双脚同时离开地面，是历史上真正的会跑的双足仿真机器人。

● 双足溜冰机器人

双足溜冰机器人制作原理跟双足跑步机器人差不多，它是基于双足机器人的结构而衍生出来的另一种行进方式，结构上与双足步行机器人相差无几，就像人脚穿上溜冰鞋一样，在前进的效率上比步行更高，但只适合于平坦的路面。从步态上讲，又是一种全新的步态规划，对重心的控制也有别于双足步行机器人，国内外在溜冰机器人的步态上的研究还不多。有部分机器人是基于四足的步态研究，所以重心控制的问题并不是很突出，而两足的溜冰机器人步态和重心调整问题是一大难点，所以溜冰机器人作为一种在双足机器人上新的应用，有很大的研究意义。

随着电子技术、信息处理技术和通信技术的日新月异，机器人也随之进入新的发展阶段。第四代机器人正在研制之中，它具有更高的智能，可通过高级的中央处理器和内置软件实现实时加工作业。这种机器人的应用范围将不再局限于一道道特定的工序，而是能够实现整个生产系统的机器人化。双足运动机器人必定会在未来的社会里扮演更重要的角色。

机器人足球比赛

大大小小的足球比赛风靡全球。不过让机器人去参加这些竞争激烈的赛事，听起来似乎是天方夜谭。但事实上，随着当今科技社会的飞速发展，机器人足球比赛已成为一种时尚运动，很多国家都有了自己的机器人足球比赛。机器人参加比赛，要组成一个队伍，不同的机器人要互相配合就必须得有自己的"眼睛"，自己的"双腿"，自己的"大脑"，还得有自己的"嘴"——把自己的想法告诉队友，协同进行比赛。

● 世界范围内的机器人足球比赛

足球机器人是工人智能与机器人领域极富挑战性的高技术密集项

目，同时又是人工智能技术的一个理想突破点。机器人足球比赛，看似游戏，其实展示了一个国家信息和自动化技术的综合实力。足球机器人系统在许多领域有着广泛的应用前景，足球机器人比赛越来越多地受到世界各地人们的欢迎和喜爱。

在世界上比较有影响的此类赛事主要有两个，一个是由国际机器人足球联合会（FIRA）组织的微机器人世界杯（Mirosot）；另一个是由国际人工智能协会组织的机器人世界杯（RoboCup）。由国际人工智能协会组织的机器人世界杯赛，比赛项目有三个：（1）小型机器人比赛（直径小于15厘米），（2）中型机器人比赛（15厘米~50厘米）；（3）电脑模拟比赛。它要求参赛的机器人是自主式的，其复杂程度和制作成本较高。1997年在日本举行了第一届机器人足球世界杯赛，有40多个队参加了比赛，此后每年一届。1998年第二届在法国巴黎举行，有60多个队参加了比赛。1999年第三届在瑞典的斯德哥尔摩举行。2000年的第四届，在澳大利亚的墨尔本举行，有约100个队参加了比赛。

● 机器人足球比赛的种类

机器人足球有仿真赛和实物赛两种。从机器人的自主性方面看，有半自主型和全自主型两种。从机器人的行走方式看，有轮式和足式两种。

机器人足球比赛每个半场一般只有十几分钟。由于目前机器人的视觉系统主要依靠色彩信息对物体进行识别，所以球场内外各个设备和器材的颜色都有比较严格的规定，参赛双方的机器人也必须贴上醒目的颜色标识。主机与机器人或机器人与机器人之间靠无线电进行通讯，所以对无线电的使用也有相应规定。

机器人足球系统的研究涉及非常广泛的领域，包括机械电子学、机器人学、传感器信息融合、智能控制、通讯、计算机视觉、计算机图形学、人工智能等等，吸引了世界各国的广大科学研究人员和工程技术人员的积极参与。更有意义的是，机器人足球比赛的组织者始终奉行研究与教育相结合的根本宗旨。比赛与学术研究的巧妙结合更激发了许多青年学生的强烈兴趣，通过比赛培养了青年学生严谨的科学研究态度和良好的科研技能。

踢足球机器人

踢足球是人类中普及度很高的一项运动，可否设想让机器人去踢足球呢？有人说这肯定不能，机器人怎么能做这么强烈的运动呢？更何况队员之间还要相互配合，可以彼此看到对方并把自己的想法告诉队友。这就需要机器人要有感官及交流能力。要实现这些似乎真的不可能。

随着机器人技术的发展，踢足球机器人已经不再是梦想了。现在，机器人足球赛是众多机器人大赛里最为流行的。许多国家都有了自己的机器人足球队，成为了当今流行的一种时尚。

现今主流的足球机器人身高60厘米，体重不足5千克，除了能像人一样在平地站立、直线行走、侧移之外，还能做出单脚站立、踢足球等较高难度的动作，其行走速度可达每秒一步。

不过，现在的机器人足球比赛还远没有达到我们想要达到的地步，现在的比赛完全是一种仿真式的比赛。在赛场的上方有一个摄像头观看着。摄像头把得到的信息上传到计算机中，经过系统处理，再输出相应的数据。

足球机器人的决策系统由机器人的"大脑"来控制，决策系统是根据现场的比赛态势，决定敌我双方机器人处于进攻还是防守，然后根据机器人的队形和离足球的远近来决定谁是主攻，谁是副攻。

足球机器人的视觉系统由"眼睛"来完成。它把所有比赛敌我双方的态势都反映到计算机中，然后用计算机软件进行处理并确定敌我双方机器人的位置和角度。

足球机器人的运动系统由"双腿"来完成。双腿是由通讯模块接受上位机传来的命令，驱动左右轮，从而能达到并实现控制的作用。

足球机器人的通信系统是"嘴巴"，机器人虽然没有长自己的嘴巴，但是它们统一由一个嘴巴——上位机发出命令，该命令由机器人的通信系统接收，并能实现机器人之间的相互协调。

虽然现在机器人足球队还不太成熟，但是科学家预言，再经过50年努力，到21世纪的中期，机器人足球队将能打败人类的冠军足球队。目标虽然遥远，但并非遥不可及。科学家们相信，50年后的足坛将是机器人的天下。

机器人下棋比赛

电脑下棋，或者称为计算机博弈，历来是人工智能的一个重要的研究领域。早期人工智能的研究实践，正是从电脑下棋发展的，人工智能的第一大应用成就，就是发展了能够求解难题的下棋程序。自从早期的下棋机展出后，人们已被制造一台真正能下象棋机器的幻想深深迷住，直到电脑和人工智能时代拉开了帷幕，这一幻想才有了变成现实的可能性。

文化的创新、观念的创新、科技的创新、体制的创新改变着我们的今天，并将改造我们的明天。机器人的发展史已经证明了这一点。电脑棋手的不断发展、不断进步，也证明了人类在人工智能领域所取得的成绩。尽管目前的机器人仍然处在起步的存储知识阶段，但是人们有理由相信，未来机器人将和人一样，可以思考，可以有情绪，而和人所不同的是，就是它们是机器制造的。

● 机器人国际象棋赛

1970年，第一届电脑国际象棋赛在美国纽约举行，"切磋武功"的首要项目自然是电脑与电脑的对抗。有一个名叫"JBIT"的下棋程序表现不凡，它的读音恰好与"它正在那儿"（Just Be It There）的英文首字母相近。"它正在那儿"过关斩将，却在决赛中败给了另一个机器人"象棋3.0"。"象棋3.0"的设计者是美国西北大学研究生戴维·斯莱特等人，它那时的本事还不算太高。然而，经过数年的卧薪尝胆，斯莱特不断用人工智能的最新技术为它更新设计，除了极大极小分析法外，它还掌握了诸如博弈 $\alpha-\beta$ 修剪法、棋势表、捉子试探和杀子试探法、迭代深化法等一系列高超"棋艺"。1976年在加利福尼亚举行的象棋比赛中，它的4.5版一举击败了128名人类棋手，获得750美元奖金。一年后，它的4.6版再接再厉，在明尼苏达州象棋公开赛中，以5：1的优异成绩正式晋升为"国际象棋大师"，成为棋坛中一颗脱颖而出的新星。1980年度机器冠亚军争夺赛的决赛是在密执安大学选送的棋手"浑沌"（Chaos）与贝尔实验室选送的棋手"Belle"之间进行。1981年，

"Belle"成功地进入全美国际象棋比赛人类最高水平棋手1%的行列。"Belle"是肯·汤姆森和乔·康登共同完成的一个全方位搜索程序，贝尔实验室为它定制了专用的硬件设备。程序的命名者们巧妙地在Bell后加上一个e，使"贝尔"摇身一变，化作了"美女"。"美女"能以向前探索8步棋的平均深度，每秒钟分析120000种棋局。

● 会"将军"的机器人

1997年5月11日，北京时间凌晨4时50分，一台名叫"深蓝"的超级电脑在棋盘C4处落下最后一颗棋子，全世界都听到了震撼世纪的叫杀声——"将军"！这场举世瞩目的"人机大战"，终于以机器获胜的结局降下了帷幕，从此，机器人棋手开始迈上世界舞台。人与机器、机器与机器的对战不断地出现，国际象棋的电脑程序层出不穷，并且开始对抗角逐，以便相互"切磋武功"。电脑下棋模拟的是人类的智能，它的启发式搜索也是边走边试探。每走一步，都设法计算当前棋局的各种可能走法及对手各种反应的得分，然后立足于对方应棋以后自己面临的最坏局势，寻找那种能够争取到的最好的结果，然后倒推回去选择满意的棋步。

机器人格斗比赛

近年来，机器人技术取得了很大的发展并引起广泛关注。机器人技术融合了机械、电子、传感器、计算机和人工智能等许多学科的知识，涉及当今许多前沿的技术。一些发达国家已经把机器人比赛作为创新教育的战略手段。

由于格斗项目激烈刺激，能极大地发挥人们的想象力，全球每年有大量的各种各样、大大小小的机器人格斗比赛。尽管机器人格斗比赛的规模大多较小，通常都是几个国家间举办的交流比赛，但是参赛者都能在每次比赛中互通有无，各有提高。

● "ROBOONE"格斗锦标赛

世界"ROBOONE"机器人格斗锦标赛就是一个将众多格斗机器人

聚集在一起并展示它们所学技术的很好舞台，其中包括了拳击、散打、摔跤、柔道、跆拳道甚至是相扑等项目。这些比赛有个共同点，都是一对一的格斗，只是交战的规则不同，同时这些参赛的选手都不是普通人，而是机器人，格斗也没什么规则可循，只要能摆平对方就行。

第五届"ROBOONE"机器人格斗锦标赛吸引了129个格斗机器人参加比赛，发明它们的人们直到比赛前的最后一刻，还在紧张地调试他们的"战斗英雄"，就像教练员在赛前对队员进行最后的叮嘱。每对选手都将经过3轮比赛，谁能将对方击出界，就算取得胜利。之所以举办机器人格斗锦标赛，目的就是为了使人们感受到其中的乐趣，并从而激发人们对格斗机器人的兴趣。同时，这样的格斗比赛还能够检验机器人的格斗技术。不过，裁判在评判的时候，不会只考虑格斗技术的高低，还会把机器人带给人们的娱乐性和观赏性作为评判的重要依据。与真人的拳击比赛规则相同，如果被击倒的机器人能在10秒之内重新站起来，比赛就会继续。

● 日本机器人格斗锦标赛

2008年3月22日，日本举办了机器人格斗锦标赛，这一届机器人的战斗比2007年更加激烈、更加火爆。日本拥有世界上40%的机器人，这里为业余爱好者提供了一个非常好的娱乐平台，参赛的日本格斗机器人式样繁多，从"中世纪王子"到"立方体"，各式各样，112个机器人参加了为期两天的角逐。这样的锦标赛每年举办两次，每次举办时都会吸引很多观众，并展现出了机器人领域令人难以置信的技术进步。

● 中国格斗机器人

中国在格斗机器人方面也开始了研发。2005年，名叫"中国龙II"的机器人参加了英国举办的"机器人挑战表演赛"的成人组机器人格斗赛，这是中国第二次派队赴英参加机器人格斗赛。参加这次表演赛的英国格斗机器人都在原来的基础上做了改进，有不少机器人都采用了航空材料，这种材料的重量只有钢材的2/3，但强度却是钢材的两倍。虽然中国队最后落败，但是此次出国的两名中国发明者说："很刺激，大开眼界。从这次比赛中学习到了很多先进技术。"

击球手机器人

运动机器人是近些年来各个国家在机器人研究上的一个热门方向，经过不断努力，如今已研制出跑步机器人、爬树机器人、跳远机器人等等各种类型。目前，对于击球手机器人的研制渐趋于成熟，标志着机器人即将成为人类体育运动方面的好伙伴。

● 日本击球手机器人

东京大学研究生院的石川正俊教授等人开发出了一个机器人击球系统，他们在机器人的"两肋"安装了两个摄像头，机器人每千分之一秒就会确认一次来球的位置，从而调整挥棒位置。如果飞来的球在好球范围内，即便是时速超过300千米的直线球或弧线球，这个系统也能挥棒准确击中。今后还要给它那支挥棒的手上安装3个手指，到时候它就既能投球又能击球了。这种机器人在垒球手和棒球手运动员的训练上会起到重要的作用。

● 索尼"QRIO"高尔夫击球手机器人

日本索尼公司研制的机器人"QRIO"展示了新本领——表演打高尔夫球。机器人"QRIO"有过辉煌的过去，曾经指挥过乐队，跳过日本舞蹈。索尼公司对其改进后，现在"QRIO"的头脑更灵活，提高了对周围情况的判断能力，可以认识三维空间。利用机器人打高尔夫球，意在展现机器人通过编程手段，能根据人的要求实现各种动作。打高尔夫球是一项高雅的体育运动，机器人同样可以将这项运动的动作准确而充满激情地完成。

● 英国棒球击球手机器人

英国人也发明了一种能打棒球的机器人。这个重达256磅、没有头的半人形机器人的许多部分都由报废零部件构成，由30岁的英国工业艺术家巴恩斯发明。巴恩斯还将灭火器的两端锯掉，安装上一个空气压缩机，发明了一个配套的投球装置，这个装置可以将球以每小时96千米的速度投向48千米远的地方。这个机器人击球手还被安装了许多传感器，通过这些传感器，它可以确定棒球飞来的时间、位置和速度。通过传感器收集的数据，机器人可以迅速对球进行弹射运动分析，确定击球的方向和时间，从而确定最合适的髋关节旋转度、肩膀的下降程度以及手臂伸展方向，给飞来的球以狠狠的一击。高尔夫球场上的助手

高尔夫球场上的助手

高尔夫运动被称为贵族运动，是目前世界范围内上流社会的时尚运动与交际方式，目前在国内已经成为一个空间巨大的朝阳产业。虽然加入高尔夫俱乐部的会费动辄几十万元，但目前国内已经拥有高尔夫俱乐部三百余家，球友人数超过百万，而且入会消费人群每年仍以10%的比例增长。高尔夫运动正在从曲高和寡的阳春白雪，逐渐向大众化运动发展，同时高尔夫球场上的"机器人小跟班"也受到越来越多的关注。

● 机器人小跟班

在科技发达的当今社会里，处处都可以见到科技产物的身影，在高尔夫球场也不例外。如今，科学家们研发出一种可以代替人工作的机器人球童，可以称其为高尔夫球场上的助手——机器人小跟班。Shadow Caddy是由澳大利亚一家公司研发的三个轮子的机器球童。它就像真的球童一样，可为高尔夫球玩家携带各类高尔夫工具，乖乖跟在主人后面转悠。Shadow Caddy还像一个默默无语、忠实厚道的仆人，无需遥控器按钮或人工操作，即可运行。其主要工作原理是通过打高尔夫球者所佩戴的内置处理器的传感器来进行导航沟通。人们只是需要把传感器放入口袋中，这个小家伙就会跟在身后，陪伴玩家直到所有18个洞都击打完毕。背球具以外提供专业的建议，是机器人目前还做不到的事。不过如果喜欢一个人不受打扰地默默打球，Shadow Caddy倒是不错的选择。

● 中国大学生发明的机器人球童

中国杭州电子科技大学的学生发明了一种好玩的"球童机器人"，由高尔夫球童车改造而成。这种球童机器人的外形比较简陋，像一辆背

了台微型电脑的小三轮车，但它很聪明，能用"眼睛"——装在前面的摄像头来识别主人的衣服颜色，并把这个信息存储下来，然后根据这个信息跟牢主人。如果主人的衣服颜色被它锁定，再有人穿其他颜色衣服从前面走过，它也不会跟着别人乱跑。当然，如果穿相同颜色衣服的人在它眼前晃过，它也是会被"拐"走的。球童机器人还有"鼻子"，形状像对小喇叭，装在前端，作用是超声波测距。当你与它距离超过80厘米时，它会及时跟紧。如果你的动作太快，突然移出了视频范围，它会开启另外一个功能：摄像头左偏或右偏30°来重新搜索你的位置。球童机器人现在装了3块12伏的蓄电池，其中2块负责电脑系统供电，1块用于制动，能负荷3根高尔夫球杆的重量。如果电池容量加大，还可以背更多球杆。

生活小助手

网络聊天机器人

在网络空间中，人类其实并不孤独，因为当我们在网上冲浪的时候，无数的非人类实体也在使用网络群体获取文本或者进行搜索查询，按部就班地完成各自的任务。目前，人们把这些网络机器人叫作"bots"，它们是在网络上独自运行的软件程序，它们不断地筛选数据，作出自己的决定，现在已成为很有用的工具。目前无论是国外还是国内网络聊天机器人都在迅速壮大，不仅已成为网友日常生活中的"良师益友"，更因为其智能性和交互性成为企业客户的得力助手。

● 网络聊天机器人的诞生

聊天机器人最早是为心理治疗而开发的。这款人工智能历史上最为著名的软件，是由系统工程师约瑟夫·魏泽堡和精神病学家肯尼斯·科尔比在20世纪60年代共同编写的。他们将程序命名为伊莉莎（Eliza）。伊莉莎的结构非常简单，它会在对方的言语中进行关键词扫描。关键词被按照日常使用的频率划分为不同的等级，伊莉莎会逐一在自己的脚本库里检索，看是否有对这个词的说明。如果这是一句完全陌生的话，它就做通用的回答，例如"你具体指的是什么？""你能举个具体的例子么？"用诸如此类的对话来拖延时间。如果这句话能看懂，也就是找到了对大部分关键词的解释说明，它就会根据说明来造一个新句子。伊莉莎所涉及的人工智能并不复杂，它只是第一个能与人直接对话的计算机程序。

● 网络聊天机器人的成长

某一天，研究机器眼的华莱士发现用户对机器眼的反应非常情绪化：当机器发生故障时，生气的用户就会敲下"你真蠢"这样的字眼批评它。这给了华莱士灵感：如果机器眼可以回应，那会出现什么情况？

伊莉莎的简单吸引了华莱士，他决心将伊莉莎升级，当用户变得不耐烦，敲出讽刺的句子时，让它机智而巧妙地予以回击。1995年11月23日，艾丽斯诞生了。他将这个聊天程序安装到网络服务器上，华莱士发现组成人们日常谈话主题的句子不过几千个，如果艾丽斯一被问到就教它一个新回答，那么它将最终覆盖所有的日常话语甚至包括一些不常用的话语。华莱士估算只要输入4万个回答就够艾丽斯用了。一旦将这4万个预编程序语言全部输给艾丽斯，那么它就可以回应95%的人们说的话。看到艾丽斯越来越有"生命"，华莱士激动异常，华莱士更是整日整夜地在手提电脑上为艾丽斯编写程序。以前，来访者与艾丽斯顶多只能谈上三四句，后来这一数字开始上升到20句。有些来访者甚至乐此不疲，一次又一次地上网来找艾丽斯聊天，而且一聊就是好几个小时。就这样，网络聊天机器人具备了雏形。

● 网络聊天机器人的发展

随着社会上应用网络聊天机器人的范围越来越广，以及它的不断发展和改进，聊天机器人的种类越来越多，如传统型聊天机器人、客服型聊天机器人、营销型聊天机器人等。聊天机器人发展得很成熟，它们从数据库中取出内容作为响应。这样他们可以向用户提供很多有用的信息，而不只是小孩式的聊天。比如，TIPS聊天机器人为用户提供面试的建议，或者提供其他主题的知识。除了单纯的聊天之外，从2002年开始，国际上一些感觉敏锐的公司意识到，利用这种聊天机器人提供无人客户服务，也是一个新的方向。

聊天机器人虽然只是在网络领域里得到了应用，但是人们越来越多地发现了它的潜力，于是在社会各个方面都出现了它的身影，网络市场的激烈竞争也给它构筑了坚实的发展平台。相信未来在全球，乃至太空领域，"机器人"都将得到广泛应用。

时装模特机器人

模特在我们日常生活中很常见，T台上的时装展示，服装店里的模特模型，美发店里的造型模特等各种各样的模特，都带给我们美的享受。随着科技的进步，机器人制造业飞速前进，时装模特机器人走进了人们的视野。日本的许多公司都对机器人模特的发展进行了深入研究，使得机器人模特的出现成为了现实。

● 金属时装模特机器人

日本新产业创造研究机构的神户机器人研究所已经研制出一款模特机器人，其手脚、脖子、腰部可做细致动作调节，从而摆出时装模特般的"专业造型"。这个机器人模特身高约160厘米，关节设计纤巧，强调女性特征。全身16处关节可同时进行调节，从而实现微妙的动作和姿势变化。骨架使用了铝金属，有效地降低了重量和成本。这款机器人还可通过手机进行远程操控。由于是第一代产品，现阶段该"模特"还只是一副金属骨架，等以后贴上聚乙烯薄膜做成如同真人一样的"肉身"后，"她"将在时尚活动和店铺宣传中崭露头角。

● 时装店内的模特机器人

时装模特模型在店铺橱窗内走动再也不是异想天开的事。日本出现了一种超级时装模特儿机器人，它既可以像超级名模那样摆出不同的姿势，又可以暗中观察顾客，看看他们买了些什么。同时可以利用动作留存科技，捕捉超级名模的风姿，并重演她们的动作。该机器人的设计师松井说："时装模特模型一向是静态的，但这个机器人却可以感应和它站得最近的人，然后模仿他们的姿势。这个功能令时装模特模型的衣着看来更吸引人，更能提高顾客的购买欲望。"在时装店里，模特机器人身兼数职，除了可模仿动作外，还可以充当"行业密探"。制造商计划把它的程序提升到可以鉴定顾客的年龄和性别，甚至可以辨认顾客所携带的手包，商店可以利用这些资料作市场分析之用。同时，由于它装有摄像机等设备，还具有防盗机能。

● 智能型时装模特机器人

日本最新研制的一款智能型机器人模特在日本时装会上一展风采，这个黑色头发的机器人被命名为"HRP-4C"，身体上有30个发动装置，使它能够自如地移动行走。面部的8个发动装置使它可表现出生气和惊讶等表情。HRP-4C行走的时候，体重为42.2千克，苗条的身材在人群中很难被看出它是笨拙的机器人。它会含着微笑，眼睛一眨一眨的，以一位温柔少女的口气说："大家好！"虽然它是T型台模特机器人，但是科学家们说当前的技术还不足以让它"进军"巴黎时装展，因为它在行走的过程中膝盖始终弯曲着，它的膝部装着一个传感器，缺乏像人类一样灵敏的平衡感。日本国家尖端科学和技术研究所的比留川博说："在技术上，我们还不能达到时装模特的标准，它作为一个'时装模特'，身高还是很矮，只是平常人的身高而已。"

虽然模特机器人的发展还处在起步阶段，但是机器人在各行各业中的重要作用已经突显出来了，机器人模特作为一个新开发的项目，随着智能技术的不断进步定会日臻完善。

语言翻译机器人

互联网的发展，拉近了人与人之间的距离，也将世界各地的语言带到了不同的国家。例如，我们使用的中文文字，不是只有中国人需要懂得，即使是外国人，也希望学会，学会以后就可以轻松浏览中文网站。同样的情况，也可以套用在其他的语言上，然而，你不可能学会所有语言，因此就出现了语言翻译机，它可以在帮助人们学习语言上起到重要作用。

● 语言翻译机器人

语言翻译机器人就是能够实现在任何时间、场所，对任何人和任何设备的多语言服务机器。

在日本东京的Narita国际机场，刚到达的旅客将可以租一个名为Papero的小机器人，这是世界首台翻译机器人，它可以非常"善解人意"地把很多欧洲语言翻译成地道的日文。Papero机器人听到一种语言后，可以1秒钟内将其翻译成口语化的另一种语言。这种e-Airport电子化机场服务将使日本的主要机场成为世界上科技化程度最高的机场。这种同声翻译技术由日本NEC研制成功，并试用在Papero机器人上，它拥有50000个日文字库和25000个英文字库，用户只要跟它讲英文它一秒钟内就可以讲出几乎完美的日文，准确性当然还要取决于字库大小。经过多年的研究，这个软件已基本能懂各种语言的规律。同时也可以当电话使用。在机器翻译方面颇具研发能力的搜索引擎Google公司日前推出了面向即时通信工具Talk的翻译机器人服务。有了这些翻译机器人之后，讲的不同语言的用户也可以方便地聊天。用户可以将这些翻译机器人添加成为聊天时的好友。

● 语言学习机器人

语言学习机器人也使得语言翻译技术达到了一个新的高峰。英国科学家正在研制一种名叫"iCub"的不足1米高的儿童机器人，这是世界上第一个具有语言学习能力的仿生机器人，它有助于科学家研究机器人如何快速地掌握人类的语言。方法是让机器人能够自觉学习并从引导性语言中获得社交群体方面的学习，然后它利用自己的语言能力作为工具转向对社交和操控性能力的学习。这将在语言应用和开发认知能力上建立一个积极的反馈循环。就像儿童模拟父母然后再与环境进行交互学习。iCub机器人将精通否定句等基本的语法结构，并将学到的语法贯穿使用。这种机器人不光能够翻译语言，还能够不断从接触的语言中自我学习，并转化为自己的语言，使机器人智能化得到充分的应用。

在未来几十年内，这个研究项目在科学技术领域的开发将对未来交互机器人系统研究产生深远影响，使我们在开发社交伴侣机器人方面迈进一大步。

婚礼主持机器人

机器人在我们的生活中发挥的作用越来越大，即使在普通人的日常生活中也开始频繁出现。韩国在研发机器人方面一直处于世界领先地位，在边境站岗的机器人、会照顾老人的机器人、会主持婚礼的机器人等等都是韩国科学家的杰作。机器人在婚礼中的出现，标志着机器人真正进入了人类的日常生活，机器人对我们不再是一个遥远的名词，相信它未来还会在人类的生活中起到更加重要的作用。

● 韩国的婚礼主持机器人

在政府的大力支持下，韩国科学家已经研制出了一系列先进的机器人。2007年6月，一个名叫"Tiro"的机器人作为婚礼主持人首次出现在其发明者的婚礼上。Tiro在首尔南部130千米的大田县担任一场婚礼的司仪，这个机器人协助主持参与设计它的工程师石庆载的婚礼。拥有圆锥形身体和双臂、深黑色玻璃脸庞的机器人带着微笑对宾客们说："我是Tiro，今日婚礼的司仪。"接着机器人向宾客介绍新郎和新娘，指引这对新人向前来祝贺的宾客鞠躬，并执行其他预先设定好的任务。参加婚礼的其他小型机器人则负责带位或在婚礼上表演助兴节目。

● 我国的婚礼主持机器人

不仅是韩国，世界上越来越多的国家将机器人的发展方向定位在人们的生活当中。我国的科研人员在机器人研究方面也同样取得了一定的成果。哈尔滨南岗区南通大街红事会举办的首届红事婚博创意会上，就有哈尔滨工业大学研制的机器人在现场担当主持人。机器人不仅能现场对话，还能做游戏测试爱情，祝福新人美满幸福、白头到老，引得在场的准新人们笑声不断。可以说这是我国机器人进行婚礼主持工作方面的首次成功，而且主持婚礼机器人的研发还在继续。

2009年3月第二届广州樱花文化节上，3台高端智能机器人来到现场，其中代表了现代家居最近成果的机器人佳佳，不仅以客串主持的身份行走在舞台上，同时也是机器人童童、小美"婚礼"的"证婚人"。在证婚环节，它还演唱了幸福甜蜜的爱情歌曲。

汽车加油机器人

世界上汽车的发展日新月异，飞速向前。拥有一辆爱车是每个司机的梦想，但同时对于汽车司机们的要求也在不断提高，越来越需要一种高效力、高质量的快速服务系统。就拿加油来说吧，大多数的司机对加油站里刺鼻的汽油味都感到头疼，而且加油时不小心就会在手上和衣服上染上汽油，用汽车加油机器人来完成这项工作也许是更好的选择。正是基于这些考虑，美、德、法等国都研制出了加油机器人。未来，人们开车去加油时不用离开汽车亲自动手加油了，因为有加油机器人为您服务。

● **德国莱斯机器人**

德国莱斯机器人公司和弗劳恩霍夫生产技术与自动化研究所合作，耗资1500万马克，历时3年多，研制出了世界上第一台汽车加油机器人样机，该机器人可以对80%的油箱盖在右后侧的汽车加油。司机开车进入加油站就像是进入冲洗间一样，不用下车，只需打开车窗将电子信用卡插入电子收款机，选择自己所需的油号和油量即可。机器人手臂伸出，并移向汽车，通过汽车油箱盖上的一个反射标记，光学传感器对机器人臂进行精确定位。机器人臂上装有一台微型摄像机，它找到油箱盖，利用一个吸气装置将其打开，然后机器人拧开加油口密封盖，插入加油软管。加完油后，机器人会盖上密封盖及油箱盖。与此同时，计算机已为用户结完账。两三分钟后，下一位用户又可以加油了。这种机器人无论是在效率还是在工作质量上都很有保证。

● **法国Robosoft机器人**

法国服务机器人技术专业公司Robosoft近日推出了新一代自动加油机器人Oscar，这款机器人被命名为MK6，是以不滴油连接器为基础的全新自动灌注系统。MK6针对城市运输网络及其附属车队，提供更快速、更清洁的加油服务，在提高质量标准的同时，使车队的营运更加灵活。MK6是适合大量生产的第一种同类产品，并以成为标准自动加油机器人为目标。不滴油连接器提高了加油速度（每分钟可达120升），因此，可以更快地加满油箱，缩短汽车加油的时间。对于一个拥有100辆巴士的车队，每年可以缩短汽车加油时间多达30小时。

● **荷兰Tankpit－stop机器人**

2008年荷兰中部城镇艾默洛尔德的一个加油站，机器人Tankpitstop开始上岗，为顾客的汽车自动加油。当一辆汽车开进加油站时，机器人系统知道了它的型号，从连接的数据库中调出相关数据，包括使用燃油的型号、油箱口的位置和开合方式。它的机器臂上装有多个工具端，可以分别完成相应的功能。当汽车驶近、停车后，一个工具端准确地接近油箱，先压一下盖板，让扣锁松开，再小心地开启盖板；接着换用另一个工具端旋开盖帽（注意，它并没有放开盖帽，因为以后还得盖上，省得"满世界找盖子"）；下一步就将注燃油的龙头插进油箱，开始加油；加油完毕再由前两个工具端旋上盖帽，把盖板复位，最后按上扣锁。

女秘书机器人

随着经济管理全球化、信息化、专业化，秘书也开始以一种全新的思维方式进入到诸多领域之中，成为企业领导者不可或缺的得力助手。研发机器人秘书更是成为打造完美秘书最有潜力的途径。在秘书机器人研发领域，日本再次走在了世界的前列。

● 日本研制的女秘书机器人

日本东京大学研究人员开发出一款机器人女秘书SAYA。SAYA可以模仿人类的很多行为，她能用300多个词和700多个句子交流和回答相关问题，她可以直接把来访客户带到相关负责人身边，她还能与来客进行一些基本的对话。她的面部表情由皮肤下面的18个不同薄片控制。

SAYA作为秘书有其优点，她不会在办公室里传播谣言，也不会与老板发生婚外情。它是世界上最先进的机器人，可以模仿人类的各种行为。

它的"厌恶"表情跟"悲伤"表情非常类似，它表现"愤怒"时也存在类似问题，它"愤怒"时，让人感觉它好像是出现了消化问题。它的微笑看起来有点苦涩，而它的常规举止有点机械，让人感觉它更像木偶，而不是一个温柔、亲切的人。

日本本田公司的专家也发明了一种不仅能听懂说话、看懂手势，而且还会说话的女秘书机器人。这个人形机器人能认识面孔，能像见到"熟人"一样打招呼，并能完成秘书的各种职能。可不能小看它噢，它会迎候和陪同来访者，回答客人提出的各种问题，它甚至会帮人"想起一些忘记的事"。

● 美国研发的女秘书机器人

美国梅隆大学学生研制出的机器人女秘书,有可爱的淡黄色头发,名叫"韦莱利"。"韦莱利"会与来访者闲聊天气,告诉来访者怎样去某个办公室,甚至能说自己老板的坏话。因为机器人女秘书能对交谈者的动作作出反应,因此它会向来访者举手致礼,然而来访者只需走到计算机跟前,通过键盘按键向它提出自己的问题即可。当然,目前"韦莱利"只能理解最简单的问题,但是程序研制者希望进一步改善"韦莱利"的功能,让它能学会识别声音和面孔。

幼儿"保姆"机器人

机器人在人类社会中已经必不可少,而且必将出现在每个家庭当中。它的未来发展方向是各种复杂的、高难度的脑力和体力劳作,它在人们的生活中应当起到更加丰富多彩的作用。如今的机器人在生活中的任务不一,有的负责家政管理、有的是空巢陪伴、有的是医护协助,更富挑战性的是充当娱乐笑星的角色。研究人员在努力使机器人更智能化,增加它们对幽默的感知程度,使它们能更加充满人性。它们的出现对空巢老人来说,绝对是精神上的安慰;对年幼的小孩来说,则会是一个很好的玩伴。

● 日本幼儿"保姆"机器人的研发

机器人,一直是日本引以为傲的尖端技术之一。对幼儿"保姆"机器人的研发日本无疑又一次走在了世界的前列,成为幼儿"保姆"机器人研发领域里的领头羊。日本零售商永旺(Aeon)集团位于福冈县的百货公司新推出了一款能陪幼儿娱乐的机器人"保姆",这个幼儿"保姆"机器人高1.4米,由机器人制造商Tmusk公司和永旺集团共同开发。父母把它买回家后,需要让孩子带上机器人能识别的标牌。这样一来,"保姆"机器人就能知道孩子的名字和年龄,并根据植入系统的词汇陪他们聊天说话。机器人"保姆"的两只眼睛里分别装有投影仪和照相机。照相机可随时拍照,并通过投影仪放映。机器人"保姆"的另一个使命就是让孩子熟悉机器人。

● "PaPeRo"——机器人"保姆"

在爱知世博会的"机器人空间"会场，NEC公司展示了一款可与儿童对话的"保姆"机器人。它的名字叫"PaPeRo"，色彩鲜艳，外形看起来就好像是电影《星球大战》中的机器人。这个体贴入微的机器人"保姆"可以向孩子发出问候，给孩子讲笑话，甚至还能和小主人一起跳舞。PaPeRo带有8个麦克，可以更准确地识别出讲话者的方位，能识别语音，甚至还可以识别手写体文字。由于儿童不可能像大人一样安稳，因此保姆机器人提高了对面孔的识别准确度，只要能捕捉到面孔正面就可以识别。此外，它的前额、肩部、腹部等9个部位内置了红外线触觉传感器，根据所有被触摸的部位，它还能做出摇头、脸红等种种不同的反应供人欣赏。

这实在是一个很可爱的小机器娃娃。在没人与它说话的时候，它会在房间里面自娱自乐地闲逛或者漫无目的地寻找家人。当它自己在房间里漫步的时候，通过内部的视觉和超声波传感器，就可以避免在行走过程中撞上家具和其他障碍物。它的小孩子脾气也很强，在找人或闲逛时，如果他觉得累了，就会像人一样停下来休息，或者干脆不找了。当"PaPeRo"有信息给家里的某个人时，它将会自动地寻找那个人，然后告诉他信息。

残障人士的生活帮手

行动不便导致生活不能自理是大多数残障人士面临的首要困难。依靠家人或专业护理人员的帮助是目前最常用的解决方法。现在，美国佐治亚科技大学正在利用生物医学技术研制一种机器人，有望成为残障人士未来生活中的好帮手。

● 残障助手机器人

2008年3月，美国佐治亚理工大学的研究人员设计出一个名叫El-E的机器人。这个机器人在一个绿色激光笔的引导下，可以抓取实验人员想要它们拿到的东西。机器人El-E外形与人并无相似之处，不过，它拥有像人眼一样分布规则的两个摄像头，有大约7.78厘米的身高。

在El-E执行任务时，使用者会先将激光笔指向一个物体数秒，再按下按钮发出指令，机器人便会发出"哔哔"声作为回应，接着将目标锁定在该物体上。接近目标物体后，El-E会伸出一只机械手抓住物体。而当使用者将激光笔指向脚下后，机器人便开始返回他的身边将物体交给主人。

除El-E外，2008年科学家们还研制出第二个取物机器人。它是由美国马萨诸塞大学阿姆赫斯特分校的研究人员设计制造的。该机器人的突出之处是它可以试着抓取其程序并未涉及的新东西，就像一个人可以尝试了解一个陌生的物体一样。也能够通过拿着剪刀、木制玩具玩耍来学会如何使用它们。

● 可穿戴型助残助老智能机器人

"只要穿上机器人服装，老年人或者残疾人就能够轻松自如地行走、爬楼梯，能够毫不费力地提起几十千克的重物……"这一切或许不再是梦想。"可穿戴型助力机器人"（英文简称WPAR）以电池为能源，重量约为20千克，能够根据安装在机器人外骨架上的多种传感器来感受人体的运动意图，由安装在外骨架上的伺服电机驱动关节运动，通过各关节角度、速度值的改变来达到与人体的协调运动并提供助力，降低人在重负荷或长时间行走的情况下的运动强度，与人体组成了一个有机协调的整体。该项目主要为上肢或者下肢基本完整的残障人士或者有一定活动能力的老年人设计，是可以穿套在人体手臂、肩部、腰部、腿部以及脚部的装备，对使用者提供助力或者助行服务。

随着科技的发展，将会有更多的助残机器人诞生。届时，残疾人借助机器人实现自我独立是完全可以的。

老年人的护理器

随着人们步入中老年时期，行动困难会给生活带来诸多不便。日本近年来一直着眼于老年人护理型机器人的研制与开发，现在可以实现机器人向老年人喂饭，老年人坐在一个语音识别轮椅中，只需说几个简单的单词，就可让半机械化的轮椅代劳工作。这些高科技的使用都是为了更好地护理老年人的生活。

● 日本的老年人护理机器人

由西科姆公司最新研制的"汤匙喂食"机械遥控装置让人们大开眼界，该机械遥控装置帮助老年人或伤残人利用一个装配汤匙和叉子的转动手臂自动喂食。它是在使用者的下颚放置了一个操纵杆，使用者可遥控转动手臂朝向一块柔软光滑的豆腐，转动手臂上的餐具会很灵活地切开豆腐，用餐具盛着豆腐送至使用者嘴边，并返回最初程序设定的位置，等待使用者食用结束后发出下一个指令。该装置的设计师是SK，他说："这项机械遥控装置会使老年人或伤残人的生活变得更加便捷。"

● 助力机械服

东京郊区神奈川科技协会研制的一种全身体机械服装安置了22个气压泵，可帮助患者将床的某些部分提升和下落。同时，将该全身体机械服装上的传感器放置在使用者的皮肤上，可探测到他是否正在试图举起重物，如果是，质感器则向气压泵发出信息，随后即向使用者提供力量支持。从外形上看，这件服装有点儿像机械战警，但是它的实用性很强，在测试中一位老人装配该机械服装后可以很轻松地举起一个桌子。

● 自动轮椅

一种由爱信精机株式会社和日本富士通公司共同研制的智能轮椅，利用一个配置系统会自动将轮椅运送至一个指定地点，还可使用传感器探测到交通红灯即停止前进或及时避开障碍物等。此外，另一种轮椅是由日本国家产业技术研究所设计的，使用者只要口头发出诸如"前进""后退""向左"或"向右"的简单指令，轮椅便能自动运行到相应的方向。

● 法国"老年人"生活助手

法国企业与大学的研究人员合作，开发出一系列专门帮助老年人自主生活的新一代技术设施。这些机器人系统放在老年人家里，有助于保障老年人的活动自由和生活自理。这种机器人的成功研制，得益于机械电子学技术研究的新成果。法国原子能委员会（CEA）自动机服务和交互系统部部长罗道尔夫·吉兰解释说："这一新的研究学科得以建立，是由于在以下两个领域取得了进步，一是独立处理信号的智能传感器实现了小型化，二是机载电子系统发展到了可以实际应用的程度。"新一代机器人强调的是人——机之间的合作，而这种合作是通过老年人及其环境之间的通信接口实现的。

● 自动操作臂

AFMA – Robotics公司是开发和生产自动机器人的专业企业，为各种工业领域累计生产过1000台以上的自动机器人。该公司在市场上销售一种叫作AFMASTER的操作臂。可以使上肢机能严重受损的老年人部分或全部地恢复操作和攥握功能。承载负荷为2千克的自动机具有6个自由度，完全由计算机控制。控制接口可以个性化，可以通过语音或鼠标控制，也可以用光控制，还可以用直线性或二次性命令控制。使用操作臂可以完成某些日常生活的任务，比如拿1本书或1盒磁带、喝饮料、吃东西、使用微波炉等等。操作臂可以手动控制，也可以自动控制。在手动控制模式下，使用者通过按压图标，遥控操作臂，也可以响应系统预先录制好的具体任务（自动控制模式）。AFMASTER公司的程序软件还可以通过计算机的虚拟遥控控制环境，比如控制电视、录音机、百页窗帘等等。

65岁以上的老年人当中，有6%～8%从座位或床上跌倒之后，如果没有别人帮助，自己便无法站立起来。护理机器人的应用解决了这一问题，行动不便的老人有了如此贴心的"护士"，不能不说是人类社会的进步。

机器人智能轮椅

随着社会的发展和人类文明程度的提高，人们特别是残疾人愈来愈需要运用现代高新技术来改善他们的生活质量和生活自由度。因为各种交通事故、天灾人祸和种种疾病，每年均有成千上万的人丧失一种或多种能力（如行走、动手能力等）。因此，对用于帮助残障人行走的机器人轮椅的研究已逐渐成为热点，如西班牙、意大利等国。中国科学院自动化研究所也成功研制了一种具有视觉和口令导航功能并能与人进行语音交互的机器人轮椅。

● 中国自主研制的智能轮椅

作为服务机器人的一个代表，智能轮椅已被广泛应用。我国自主研发的智能轮椅"复娃"有很多的功能。其最大特点是可以通过红外线、网络摄像头等手段，采集周围环境数据，自主移动、自主避障，同时依据指令用机械臂帮助"主人"倒水、开门、取物。这把小椅子集机器人控制技术、自主导航技术、人机交互技术、图像识别技术于一体，不仅是老年人和残疾人的好帮手，而且因其离产业化的距离最短，可能会成为率先走进百姓生活的服务机器人。机器人轮椅主要有口令识别与语音合成、机器人自定位、动态随机避障、多传感器信息融合、实时自适应导航控制等功能。机器人轮椅的关键技术是安全导航问题，采用的基本方法是靠超声波和红外线测距，个别也采用了口令控制。超声波和红外导航的主要不足在于可探测范围有限，视觉导航则可以克服这方面的不足。在机器人轮椅中，轮椅的使用者应是整个系统的中心和积极的组成部分。对使用者来说，机器人轮椅应具有与人交互的功能。这种交互功能可以很直观地通过人机语音对话来实现。尽管个别现有的移动轮椅可用简单的口令来控制，但真正具有交互功能的移动机器人和轮椅尚不多见。

● 日本研制的智能轮椅

日本东京大学和丰田汽车公司等机构联合研制出两款供单人乘坐的轮椅机器人，一款是供室外用的轮椅机器人，能在道路有落差的情况下平稳行驶；一款是供室内用的轮椅机器人，仅靠乘坐者身体重心的移动就能够简单操作。

室外款轮椅机器人高1.1米、宽0.7米、重150千克，外观像加装了轮子的单人沙发。这款轮椅机器人安装了用单手就可简单操作的操控杆，遇到道路左右倾斜或有4厘米以内落差的情况，机器人能通过调控轮子和坐椅部分的驱动马达实现平稳行驶，不会给乘坐者带来不适。室内款机器人高1.3米、宽0.66米、重45千克，坐椅和踏板内共安装有464个传感器，能追踪乘坐者身体重心移动的方向，机器人凭此判断乘坐者的行驶意图。按照这一设计，想要机器人向右行驶，无需动手操作，只要使身体稍稍右倾，机器人便"心领神会"。机器人的行驶速度大致等同于步行速度，如果乘坐者的脚离开踏板伸出去，机器人马上就会停止行驶。另外，这款轮椅机器人靠背上方安装的两台照相机，起到眼睛的作用。在无人乘坐时，如果有人朝机器人招手，机器人分析照相机拍摄的图像，判断"有人叫"以后，便会立即计算那个人所处的方向和距离，然后向此人靠近。

　　智能轮椅的出现，给不能行走的人们带来了福音。通过智能轮椅，不能行走的人想去哪儿就去哪儿已不再是梦想。

服务为人民

服务员机器人

　　智能机器人代表机器人技术的发展，它有比机器人更复杂、精确的计算机控制系统和更高级完善的传导机构及制导机构，能够识别它们所看见和接触到的物体然后抓住物体，完成某种任务。智能机器人实际上是以计算机为核心，辅之以若干智能设备，融入了机器人视觉、人工智能等高新技术，能模拟人的视觉、触觉、听觉，并能根据其感觉和识别机能适应性地行动。

● 美国的服务员机器人

　　每当我们去餐厅吃饭时，会有服务员接待，送上菜单。而在美国加利福尼亚州的一家餐馆里，迎接客人的却是机器人。当你随便坐到任何一个餐桌旁，机器人立刻会主动前来，礼貌地和你打招呼，同时伸出手臂送上菜单，说"请点菜"。当你点好菜时，它就会回到厨房让厨师做菜，厨师做好后，它就会主动送到你的餐桌上。在你用餐过程中他还会不时地来关照一下。用餐后，它会主动来结账。一个机器人最多可以供应5个餐桌。第一次来的客人往往被弄得目瞪口呆，摸不着头脑，都会问是怎么回事？原来在每一个餐桌上都设有传感器和标记，当有客人来时，传感器就会通知机器人，同时机器人身上的传感器能"看"到每个桌子上的标记，于是便主动到餐桌服务了。

● 日本的"阿西莫"服务员

　　"阿西莫"机器人身高1.2米，体重43千克。个头不大，但运动起来相当灵活。它由一部移动电话控制，能够惟妙惟肖地像人一样走路、跳舞、跑步，堪称"灵活性创新的佼佼者"。如果有客人到访，无需人为下达命令，数个"阿西莫"机器人就会主动集体出迎，其中一个"阿西莫"带领客人到桌边坐下，另一个"阿西莫"很快就会送上饮料，能做到彼此"心有灵犀"。暂时没事干的"阿西莫"会和同伴打招呼，自己抽空回充电站充电。"阿西莫"机器人有与人交流的能力。不仅可以和人手拉手一起前进、操纵小推车、爬楼梯，还可以按照人的吩咐端茶倒水，在与人"交际"方面大有长进。它们能依靠传感器判断小推车上托盘的位置和形状，双手平端起托盘送到桌上。遇到正面来人，它们会向侧后方退一步，给人让路。功能全面的机器人"阿西莫"可能在15到20年内走向市场。

● 酒吧服务员

在美国，机器人服务员开始在一些酒吧里出现，这些服务员不仅工作热情，而且效率也很高。

顾客先在电脑上选择自己喜欢的酒类，然后刷一下银行卡就可以了。机器人接收到指令以后就开始工作，它转动底盘，先找到酒的原料，然后用双手熟练地调起酒来，不一会儿，顾客就可以喝到想要的酒了。机器人干得很娴熟，它每个小时可以调好120杯酒和饮料。你可能并不喜欢跟一个冷冰冰的机器人喝酒，不过不用担心，这些服务员还可以给你做鬼脸、讲笑话，即使你没有给它小费，它也不会对你耍脾气。对于酒吧老板来说，这种办事勤快、态度温顺的服务员是最好不过的了，他们从不用担心这种服务员会开小差、请病假等。

机器人保安

在现今社会中一说到保安相信大家都不会陌生，无论是在商场、超市，还是在工厂、矿山，或者是在学校、生活小区，人们都可以见到保安的身影。他们肩负着保卫人民财产安全的重要使命，是当今社会一道亮丽的风景线。但是如果说起保安机器人，相信会有很多人都会感到陌生和新奇。也许人们会问：它们到底是什么样子？都有哪些功能？能代替人工作吗？下面就让我们一起来认识一下这个人类的新朋友、保安队伍中的新成员——保安机器人。

● 日本的机器人保安

日本在机器人保安的研究领域里取得了较为喜人的成绩。在日本许多的机器人生产公司都已经研发出了机器人保安，并已经投入生产和投放到市场。日本特牟扎克公司研制出一种保安机器人，可以协助警方进行保安工作。机器人能够自己按电梯的开关，到大楼各层去巡视；发现火苗时，能立刻使用灭火器灭火。这台保安机器人身高185厘米，体型如圆桶，直径65厘米，机器人身上的各种传感器能够感知烟、热以及可疑人员等异常现象，并使用内置的通信装置把异常情况报告给保安公司。假设出现火警，保安公司在接到信息后就可转换遥控系统，指令机器人使用安装在其身上的灭火器灭火。

日本另外的一家公司研制出一台保安机器人，它能够通过内置的摄像头为手机提供反馈，并通过手机操纵网枪，从而对潜在的犯罪嫌疑人实施非致命性打击。由于这款机器人还内置有麦克风和热敏感应器，因此可以更加精准地定位犯罪嫌疑人，履行保安的职责。

● 我国的保安巡逻机器人

由中国民航地面特种设备研究基地所研发的国内首款保安巡逻机器人，能够协助保安管理人员有效地完成区域安全保障工作，可应用于民航机场、高级住宅小区、重要仓库、商场及其他公共场所，给人们带来了极大的方便。据专家介绍，这一款机器人可以实现自主环境探测、自主避障导航及自主充电功能，能够按照工作人员的具体要求在非人工干预的情况下自主完成固定路线巡逻、随机路线巡逻及重点部位的查看任务。它不仅具有全方位视觉的处理判断能力，而且还能够进行视觉及双向语音信息的远程传输与监控，可检测环境烟雾及火灾情况并进行异常情况报警。发现入侵者或异常情况时，视频线路自动启动，控制站记录下音响及视频警报，保安人员可以由远处观察那里的情况，或与入侵者对话。

● 室外型保安机器人

美国研制的室外型保安机器人最低时速是3千米，一次充电可连续工作8小时，可在360°范围内发现10米远的物体。可识别并绕过障碍物，若绕不过去，就停下来。主要被用于美国的18个不同的军用仓库。它的负载主要有立体摄像机、前视红外摄像机、多普勒雷达、4线激光扫描仪、超声波传感器、微波及光缆通信网络、视频标签阅读器。导航传感器有差分GPS系统、陀螺仪、倾斜仪、四轮编码器及驾驶定位传感器。

警察机器人

警察机器人，作为一个全新的警种，将在打击违法犯罪、防爆、实战反恐等突发重大危害事件中起到重要作用。它能有效地降低警员的风险系数，大大地减少警员人身伤亡事件的发生。警察机器人还可以代替人来指挥交通，减少交警上岗时间，降低交警职业病的患病率。因此，警察机器人受到了世界各国的普遍重视，对它的研究也是捷报频传。

● 交警机器人

有一种网络化智能交通警察机器人，它解决了目前交警在交通指挥时所处的恶劣环境对交警人身造成较大危害的问题，具有自动化程度高，可无线操作和脱机操作，使交警不必在恶劣环境中即可完成交通的指能机器人，身高外形与真人警察挥工作等优类似，机器人具有指挥交通和解点。它是一答道路交通问题的功能。网络化台仿人型智智能交通警察机器人，包括头部装置、躯干装置、手臂装置等，其特征是：躯干装置由胸腹部支架和腿部支架等构成，在胸腹部支架的上端为头部装置，胸腹部装置的两侧各有一手臂装置，每个手臂装置由大臂支架和小臂支架、手掌等构成，躯干装置中有控制装置与其余各装置连接。

● 报警警察机器人

目前还有一种专门用来报警的警察机器人。在我国北京昌平区政府街国泰商场门前，就有一个身高不足两米、身穿蓝白上衣的用来报警的警察机器人伫立在那里，方便市民报警。

报警机器人一共设有4个摄像头，3个"长"在头顶，还有一个针孔摄像头安在了胸前。"肚皮"上还有个红色报警按钮，会"观测"、会"说话"。市民遇到意外需要求助时，只需要按下机器人胸前的红色按钮，机器人就会自动连线后方指挥部，然后市民就能对着机器人胸前的麦克风与远程监控服务中心或110接警中心通过双向语音系统对讲。

据昌平警方介绍，报警机器人一般安装在不便于设置监控探头，以及需要增加观察角度、治安事件又频繁发生的繁华地区，既方便市民报警又能震慑犯罪分子。

● 警察机器人的应用

现在俄罗斯机器人也加入了警察的队伍。据俄罗斯媒体报道，俄罗斯第一个警察机器人已经开始在彼尔姆市正式上岗执勤。这个机器人警察代号R.BOT001，由莫斯科一所学院研发制造，是俄罗斯的首个产品。这个家伙是个大块头，体重250千克，身高180厘米，形状像炸弹又像鸡蛋，和好莱坞大片中出现的两条腿、荷枪实弹的机器人兄弟们一点也不一样。这个机器人警察配有5台照相机以及供路人使用的求助按钮，它会发出一些简单的指令，例如劝诫人们不要在街上酗酒滋事等。

在意大利，由陆军开展的"警察机器人"研究工作已经顺利完成，开始进入试验的制造阶段。这种未来的警用机器人虽不具备电影《机械战警》中描述的智能和强大功能，但是对于执行一些特殊任务却具有非常重要的作用，并将会掀起一场警用和军用器械的革命。

警察机器人不但能像其他普通机器人那样，处理那些对于人类来说危险过大或无法处理的紧急情况，如拆除爆炸物等。同时，由于其研制的目标是"高科技战斗机器"，强大的火力装备使其在未来的军事领域里前景十分广阔。在未来国际反恐怖主义的战斗中，不排除随时会出现这种"机器警察"或"机器士兵"身影的可能。

迎宾机器人

迎宾机器人拥有惹人喜爱的外形，具备人机交互功能和开放式语言模式，它能进行动作表演，可以识别人脸。可以完成摇头、欢迎、拥抱、握手、再见等动作。能储存至少1000条知识记录，可以与人进行语音聊天、问答等互动活动，还具有演唱歌曲、背诵诗词、表演跳舞等功能。通过摄像头和超声波传感器设备感知信息，还可以在平坦地面自由行走。

● 福娃机器人

2008年北京奥运会上的迎宾机器人被要求能够以人性化的方式出现在奥运场馆、运动员住所、高级宾馆、饭店、旅游景点等，担当导游、服务、咨询、信息查询等角色。这不仅仅是一个服务问题和节省人力的问题，更重要的是它可以提供特殊服务，增加游客兴趣，提高服务水平，同时能显示出北京的科技水平，并提高其在国际上的整体形象。

由中国民航大学自主研发的福娃机器人，属自主移动机器人，它形象逼真，憨态可掬，眼睛会动、能行走、会简单的语言和肢体动作，充分体现了科技奥运、人文奥运和绿色奥运的理念。它不时向过往中外旅客提供礼仪迎宾服务。本着"科技奥运、人文奥运"的理念，福娃机器人从方案实施、功能定位和研发设计多方面着手，不仅科技含量高，而且更贴近实际应用，使得福娃机器人不仅扮靓精彩而且"智商很高"。福娃智能机器人集成了智能机器人领域多传感器信息融合、自主定位、人机交互、智能控制，以及光机电一体化等方面的最新研究成果。福娃智能机器人可以承担机场候机楼出港入港、行李提取、问讯服务等多种环境和条件下的引导服务，不仅具有全方位视觉处理判断能力，而且还能够进行双向语音信息的交互传输。福娃机器人"外语"很好，不仅可以用中英法德日韩等12国语言向旅客问候，还可以用中英文进行简单的语言交流，为候机乘客讲故事和笑话。此外，福娃机器人还"能歌善舞"，不仅可以表演独舞、集体舞，而且可根据请求"演唱"包括奥运会火炬传递到达国家和地区在内的多种民族歌曲。

● 政务客服机器人

经过一年的研发，一位智能迎宾机器人于2008年在沈阳市行政审批服务中心正式"上班"。该迎宾机器人身高1.6米，体重50千克，移动速度0.3米/秒，身穿蓝银色相间的"衣裳"，是一台政务客服机器人。它可以向来访人员点头、挥手、问好，能与客人用中文交流。在他的身上安装了热释电传感器和超声波传感器,他可以判断自己与客人的距离然后做出点头、摆臂等动作欢迎客人。这位机器人主要由体内的锂电池供电运行,因为它的各个用电体全部采用了节电装置,所以它比普通的家用机器人节约30%的电能。在机器人的身上有一个很大的触摸屏,这里是审批服务中心所有部门服务项目的集纳,客人要想知道到哪个窗口办理业务,一种方式是通过触摸屏查询,另一种方式是可以直接语音询问,机器人都会立即回答,并根据电子地图程序带客人到指定的窗口。

在办事机构内设置机器人服务,一方面是给办事人员提供一种高科技的咨询方式,更重要的是要体现人性化的服务,让客人高兴而来,满意而归。如果机器人运行效果非常好,将考虑在其他办事机构推广。

导盲机器人

残奥会开幕式上,引领中国首块残奥会金牌得主平亚丽走向主火炬手侯斌的导盲犬Lucky,以其从容大气的表现,一举成为开幕式上的动物明星,导盲犬的出现是一个令人感动的"亮点"。一路上,Lucky迈着稳稳的步子,走得既从容又优雅,在上斜坡的时候还拱了一下平亚丽,提示她,最后把她准确地引领到主火炬手侯斌面前。Lucky的出色表现,展示了导盲犬的基本素质:即便在刺耳噪声甚至枪声中都不惊慌,这样才能保证正常工作,保障盲人的生命安全。

● 导盲犬的作用

导盲犬能为有视力障碍的人士提供向导服务。在家里,导盲犬可以引领主人到厨房、厕所、大门,等等。出家门,导盲犬带领主人在便道上行走,绕开障碍物;从人行道横过马路时会停下等候信号灯提示;带领主人出入商店,遇到关闭的门或上下台阶、进出电梯时,导盲犬会示意主人注意,当主人发出前进的指令时才继续前进;当主人在办公室工作或在教室上课或做其他任何事情时,导盲犬会静静地等在一边,绝不乱跑。导盲犬在工作时身上佩戴特制的鞍具,以便主人牵领。与主人行走时会紧贴着主人的左边,绝不远离主人。

● 小学生的努力

为了帮助盲人朋友克服生活中的巨大困难，人们设计了多种多样导盲的机械电子设备。

在3名11岁小朋友的爱心和创意下，一根专门为失明人士制作的"智能导盲杆"横空出世。别看这只是一根约1米长的小小导盲杆，却装有超声波、光感器和导轮等装置。盲人拿着它在路上行走，一旦检测到障碍物就会发出振动，提醒盲人停止向前走。而且杆上还装了"夜间闪灯警示"，要是碰到天色稍暗，杆上的小灯就会不断闪烁提醒行人避让，保障盲人的安全。更巧妙的是杆子的底部装上了轮子，"普通的杆子感觉不到地上坑坑洼洼的情况，可是有了轮子就能和地面紧密接触，这样盲人就能判断地面的高低情况以防绊倒。"

我国北京市一小学的小学生们还做出了机器人导盲犬，它可以领着盲人走路，只要手里握着狗绳就可以了。当"导盲犬"遇到障碍的时候，狗绳上的电子板会发出声音："前面有障碍，汪汪！"这样盲人在行走的时候就不会摔倒。

● 导盲机器人

科学家们研制了一种叫"导盲犬"的机器人，它以蓄电池做动力源，并装有电脑和感觉装置，它的感觉器能不断地检测路标，以确定自己的路线，电脑可根据盲人想走的路线将这些信息与预先存储的街道地图相比较，给出控制信号，指挥行走装置向前行走，并不断进行修正。盲人和导盲犬之间还可以交流，导盲犬会按照主人的命令通过路口，遇到障碍物时，会及时提醒主人注意安全。

在这基础上，人们又研制了更高级的导盲机器人，它身上装有电脑和光学仪器（或摄像机），应用电脑环境识别技术，在通过耳机问清使用者的目的地后，就能通过摄像机和传感器识别周围的环境、人行道以及交通信号灯等等，并能越过障碍物将盲人引导到目的地。在行进中，遇到汽车、行人、树木、栏杆等障碍物，导盲机器人会自动地避免与这些物体相撞，能带领盲人绕过障碍物。导盲机器人与盲人之间有联络通信装置，保证盲人与导盲机器人离得不远也不近，走得不快也不慢。这款机器人外形像一辆手推车，盲人使用者只需跟在后面即可，其时速可以达到每小时3千米，长1米左右，高1米，宽大约0.6米。

目前的导盲机器人也有不足的地方。它的结构复杂，造价高，还不能行动自如，类似于跨越台阶的问题还没有解决，有待于进一步改进和提高。

高空清洁机器人

从20世纪50年代起，为了获得良好的采光效果，许多高层建筑都采用了玻璃幕墙。幕墙建筑新颖大方，但玻璃壁面的清洗却日渐成为摆在人们面前的一个突出问题。其实不仅是玻璃窗，其他材料的壁面也需要定期清洗。为解决危险或极限作业问题，高空擦窗和壁面清洗机器人应运而生。它的特点是高效灵活、适应性强、价格适中，但由于现代建筑艺术的个性化讲究，所以清洗作业的自动化仍面临着来自对象化的巨大挑战。

● 高楼擦窗机器人

长期以来，高楼大厦的外墙壁清洗，都是"一桶水、一根绳、一块板"的作业方式。洗墙工人腰间系一根绳子，悠荡在高楼之间，不仅效率低，而且易出事故。为解决北京西客站的玻璃顶棚清洗问题，中国北京航空航天大学机器人研究所发挥其技术优势与铁道部北京铁路局科研所合作开发了一台玻璃顶棚清洗机器人。

该机器人由机器人本体和地面支援机器人小车两大部分组成。机器人本体是沿着玻璃壁面爬行并完成擦洗动作的主体，重25千克，它可以根据实际环境情况灵活自如地行走和擦洗，而且具有很高的可靠性。地面支援小车属于配套设备，在机器人工作时，负责为机器人供电、供气、供水及回收污水，它与机器人之间通过管路连接。

● "蜘蛛侠"机器人与国家大剧院

国家大剧院的椭球面积约为36000平方米，中间有6000平方米是玻璃模腔，玻璃模腔周边是钛合金。这么大面积的玻璃，又是曲面，要是人工清洗的话，难度很大。国家大剧院造型新颖，构思独特，是我国的一个标志性建筑，如果还是用人去擦，也将与大剧院梦幻般的气氛不太相称。

北京航空航天大学的研究人员研制出了"蜘蛛侠"机器人来为国家大剧院擦玻璃。这个机器人主干呈十字交叉状，长3米多，宽2米左右，为了减轻重量，采用了铝合金作为骨架材料，骨架重约40千克。总重不超过150千克。这个机器人还配有4个机械手、若干个滑动轮、17个电机来帮助它完成包括攀援、滑行、擦洗、充水在内的一系列高难度动作。机器人先是两只前爪沿纵向主干滑动，然后抓住轨道，接着后轮向上滑动也抓住上层轨道，之后启动滑动轮，弹出横向主干上的刷子，启动电机开始作业。擦完一块玻璃，机器人就接着进行下一步的动作。使用的时候，机器人将首先爬到大剧院的顶部，然后由上向下擦洗。现在给机器人使用锂离子电池。关于供水，如果让机器人自己带水上去，则重量可能会超过限制，而且机器人爬上爬下很不方便，解决方案是在玻璃板之间的沟槽里铺设水管，在合适的位置引出接口，机器人需要水的时候，就近接水即可。

● 飞机清洗机器人

尽管世界各航空公司的竞争非常激烈，不断装备最新的客运飞机，但飞机的清洗工作仍然是老样子，还是由人拿着长把刷子，千方百计地擦去飞机上的尘土和污物，这是一项费时又费力的工作。于是人们研制成了"清洗巨人"。"清洗巨人"的英文名字叫SKYWASH，它是用来清洗飞机的，它的机械臂向上可伸33米高，向外可伸27米远，它可以清洗任何类型的飞机，有时它甚至可以越过一架停着的飞机去清洗另一架飞机。目前能用来清洗飞机的机器人还很少，但是它离我们并不遥远，会给我们带来很大的帮助，相信随着航天事业的飞速发展，专门用来清洗飞机的机器人也会越来越发达。

家政机器人

"机器人"不是人,因此我们不必顾虑它们的情绪和劳苦;而"机器人"又具有超强的思维能力,比一般的电器更智能。请机器人来打理家务,是未来的发展趋势,它不仅可以被应用于工业领域,更可以直接被应用在生活中。像"智能家政机器人"这样能够为我们的生活提供便利的机器人已经越来越多,其发展非常迅速,英国科学家预计在未来10年内家庭中将普遍出现可以提供家政服务的机器人。家用消费机器人将不再是梦想!

● 刷盘子机器人

刷盘子机器人可以通过内置的感应器探测到盘子的大小和形状,而且还能从一摞盘子里单独拿起一个盘子。虽然它现在的动作还不算熟练,但是相信经过科研人员的努力,在不久的将来,它一定能够像人类一样熟练地刷碗。

近日,日本东京试制了一款可以替人做家务的机器人,以此来帮助解决伴随着少子老龄化而来的劳动力不足问题。它不仅能够打扫房间,还能洗涤衣物。机器人高155厘米,重约130千克,通过两个轮子移动,为了能够使其动作更为灵活,这个机器人还配有两个手臂,每个手臂均有3根手指。由头部、双臂和配有车轮的躯干组成,安装于躯干内的电脑根据程序灵活处理各种动作。当主人发出指令后,位于头部的5个迷你摄像头和6个激光感应器会一边辨识物体的形状和位置,一边完成动作,可连续工作约1小时。该机器人的特点是具有较高的物体辨识能力,能区分清扫工具、家具等,它可以完成打扫房间、清理碗筷、开关门以及洗衣服等常见的家务劳动。而且,这款机器人还非常智能化,它可以从错误中吸取教训,还能自行认识失误并加以修正。

● 韩国家政机器人

新型家用机器人能够连接互联网服务,在家庭范围内有效地集成了技术中心。机器人的语音控制功能将发送无线信号开启洗衣机、更换电视机频道、开关灯以及播放音乐等。韩国机器人制造公司研制的机器人可以将音乐编程，在早晨唤醒主人，在夜晚巡察以提供安全保卫，甚至还能对低级机器人发送指令让其对地板进行清扫。此外，该机器人还可以通过编程帮助孩子学习英语，同时可在它胸部的屏幕上显示所说的英文单词和字母。

● 可以收垃圾的机器人

垃圾车收集垃圾废弃物的功能恐怕要被机器人取代了。2009年5月，意大利推出了"收垃圾机器人"，这个机器人有可以装很多垃圾的绿色大肚子，可以在街上收集各种垃圾，收好后还会载到垃圾场堆放，此外，这款机器人还可以充当"环保小小尖兵"。据了解，除了会收垃圾之外，它还会监控空气质量和温度，是个名副其实的"环保尖兵"。现在，收垃圾机器人还不会爬楼梯，也不能在泥泞的地面行走，改良后就可以做到这些了。

● 能为空调除尘的机器人

针对中央空调污染严重、系统复杂、清洗难度高的特点，深圳一家公司采用了美国Rotobrush设备，研制出了这款全程接触负压式中央空调通风系统检测、清洗机器人。这些小身材的机器人通过远程操作可以在狭小的空调通风道中进行工作。它们像微缩的坦克，在其顶部设有不同形状的刷子。为了通行无阻，车身上还配有摄像头，操纵者可以实时监控它的工作状态。

教学机器人

近年来，人们愈来愈多地感受到机器人已深入到产业、生活和社会的各个领域。同时，其作为电子学、机械学、计算机技术、人工智能等学科的典型载体也被广泛地应用到学校教学之中。

● 教学机器人的特征

教学机器人是指具有辅助教学、管理教学、处理教学事务乃至主持教学等功能的机器人。作为一个理想的教学机器人，应具有如下9个方面的特性：即教学性、人机友好性、高智能性、自主性、知识丰富性、多功能性、多形态性、专业性、安全性。

● 机器人辅助教学的作用

机器人辅助教学是指师生以机器人为主要教学媒体和工具所进行的教与学活动。

充当教师。教学机器人可以像教师那样，从事知识传授、答疑解惑、学习指导、训练技能等工作。

充当学习伙伴。教学机器人可以扮演与学生友好合作、平等竞争、相互启发、共同探索的学习伙伴及竞争对手，使学生在合作与竞争中获得激励与进步。

充当助手。机器人可以充当教师备课与科研的助手，学生写作、阅读、思考、实验的助手，提高教与学的工作效率。

激发兴趣。机器人辅助教学能激发学生的好奇心、上进心，并产生浓厚的学习兴趣。

促进感知。机器人辅助教学能突出感知对象，提高感知效果。

加深理解。学生通过与机器人的多维度对话，可对知识与技能的掌握情况进行自我检测，提高理解的深度与准确性。

巩固记忆。机器人辅助教学可以增加学生对知识技能的识记、保持、再认、回忆，提高记忆效果。

综合运用。机器人辅助教学能为学生综合运用所学知识技能提供新的平台与途径。

然而，机器人辅助教学并不是万能的，其局限性与负面影响依然存在。对此，我们必须保持清醒的认识。

● 机器人管理教学

机器人管理教学是指机器人在课堂教学管理、教务管理、学校财务管理、学校人事管理、教学设备管理中所发挥的计划、组织、协调、指挥与控制的作用。机器人具有人的智慧和人的部分功能，完全能代替师生处理一些课堂教学之外的其他事务。例如：机器人可以重组为一种智能化的交通工具，运送师生上下班；可以充当厨师，自动加工方便食品；可以成为私人秘书，代为约会、收发信件，代为借还图书资料；甚至可以代为出席会议，代为阅读、思考、记笔记等。

● 机器人主持教学

机器人主持教学是机器人在教育中应用的最高层次。在这一层次中，机器人在许多方面不再是配角，而是成为教学组织、实施与管理的主人。到那时，机器人的概念也许有必要被重新界定。因为随着克隆技术、转基因技术、纳米技术等科技领域的巨大突破，人们可望设计创造出被称为"人工生命"的东西。如果把人类智慧基因植入人工生命体内，它也许会变成为一个新的物种，那时要区分人与机器人，将是一个复杂的课题。

● 辅助教学的机器人

日本著名的本田汽车公司制造了一个能行走的机器人，它不但外形像人，还能走进课堂辅助老师授课，亲身向学生们解释科学的奥秘。这个叫"阿西莫"的机器人高130厘米，有一个戴着玻璃罩的球形"头颅"。它能行进、上楼梯、挥手、绕开障碍物，还能进行简单的对话。阿西莫在科技展览馆担任向导，并作为本田公司的"大使"出访学校。据本田公司介绍，科学课是日本公立学校必设课程的一部分，而阿西莫是第一个辅助科学课教学的机器人。在东京博物馆，当一位老师给学生们讲解机器人如何利用内部的传感器保持身体平衡时，阿西莫配合老师，为学生们做了现场示范。它站在一块摇摆不定的平台上通过倾斜身体保持了平衡，而同时立在它旁边的一个木头人就倒了。老师还告诉同学们，当人行走时，受力是由脚后跟向脚趾传递的，并让阿西莫用慢动作演示了一遍。

机器人推销员

推销员是推销商品的职业人士，是战斗在商业第一线的前线职员，有如战场上的士兵，其作用是促销产品及提供服务等。现如今，在推销员的队列里又加入了新成员——机器人推销员，它是专门从事商品销售的机器人，由日本最先研发出来。

● 日本的机器人推销员

在日本九州的一家商店有个机器人名叫TMSUK-4，是由日本机器人制造商Tmsuk制作的。制作这个机器人的目的，是为了指引客户购物。不过也不要把它想象得太智能，实际上它还是需要人通过手机来控制。

2006年12月，在日本东京高岛屋的一个法国香水专柜前，一个机器人售货员正在为顾客介绍商品。这个身高165厘米的机器人被日本香水进口商"聘请"在圣诞购物节担任推销工作。它属于"瑞普丽Q2"系列机器人，由日本大阪大学的石黑浩教授研制，为达到以假乱真的效果，这个机械美女有两件法宝：第一件法宝是富有弹性的肌肤。"复制人一号"身体的外层以富有弹性的硅胶膜取代了坚硬的塑料壳，让这个美女的皮肤不论在色泽还是触感上均宛若真人，尤其是在相同的光线环境中，很难区分出"她"的皮肤与真人皮肤之间的不同。第二件法宝是躯体内安装的31部促动器。这些灵敏的程控空气压缩机能让它的上半身灵活自如地行动，作出类似人类身体语言一样的动作，摆动双手只是小伎俩，它甚至还会做出类似呼吸的微妙动作。体内的传感器使"她"在发现有人靠近时，还会做出宛如真人的眨眼和张闭嘴巴等动作。

● 机器人成了热情的"售货员"

"你好，我叫婷婷，欢迎您购买我们的产品。"随着宣传单发到顾客的手中，婷婷"热情"地回答着顾客的提问，并与一些顾客讨价还价……谈到"高兴"时，婷婷还会一展动听的"歌喉"，现场为顾客献歌一首。这个婷婷可不是一般的推销员，它是外形酷似真人，售价仅两三万元的智能商业机器人。机器人身上各部件都被漆上了鲜艳的颜色，而且体内的电脑芯片中，被输入了各种彬彬有礼的语言。如果顾客有要求，它们还可以和顾客开几个玩笑，讲几个笑话，甚至唱几首流行歌曲。更可爱的是这些机器人的眼睛里被安装了自动跟随系统，它们会在讲话时始终看着顾客，并不时眨动漂亮的"大眼睛"。

扫雪机器人

2008年我国冬天那场大雪也许让很多人至今都会记忆犹新,不仅是我国,还有其他一些国家及地区,都遭受了沉重的损失。因此许多国家都开始研制那种可以自行扫雪的机器人。

● 机器人"雪太郎"

在日本,雪可不是富士山山顶的"特产",冬季日本北部的一些地区也会有令人惊异的降雪量,足以将公路阻塞,同时让生活在山村里的人陷入与世隔绝的困境。在这些地区,老年人尤其容易成为大雪迫害的对象,他们被迫滞留在家中或者不得不亲自清扫掉所有的雪。这个时候,"雪太郎"的重要性就体现出来了。日本最近推出了一款新型机器人"雪太郎",能够将雪吸入体内,而后将它们压成"雪砖"。从外表上看,"雪太郎"机器人和热门动画片《宠物小精灵》中的皮卡丘一样可爱,但它却是一款能够自动导向并装有全球定位系统和摄像机的机器人扫雪车。

"雪太郎"是多种高科技集合的产物,它装有一个全球定位系统的位置传感器、用于避开障碍物的"眼睛"——两个摄像机以及一个完整的雪块制造机。内部的压缩机是制造者真正要解决的一个问题,它不能扮演吹雪机的角色,否则会产生更多的清扫问题。干活的时候,"雪太郎"能够将面前的雪吸入体内,而后将它们压成雪块,雪块会从后面排出体外。人们可以很容易地将雪块堆叠起来并加以储藏,以便在夏季时充当"冷却剂"。与绝大多数日本机器人一样,"雪太郎"在外形设计上也遵循了可爱的原则。

● 将雪"吃"进肚子

美国最近推出了一个名叫Roofus的自动扫雪机器人,该机器人可以将雪"吃"进肚子,然后送到指定地点堆积,一次运送重量达250千克。这个机器人完全可以自动探测出周围的积雪厚度,然后进行清扫,并采用太阳能电池供电,操作起来也非常简单。

火山探险机器人

机器人探索火山依靠自身的智能体，深入火山内层高热地带探索未知的秘密。自1993年8位火山探险家死于两次火山爆发后，机器人就被用来进行火山探险。越来越多的机器人被派到这种高温非人的环境中工作。谈到攀登火山、深入火山高热内层地带，恐怕没人比得上机器人的"天赋"，它们不怕火、不怕霜，而且充满热情。

● "但丁" 2号

"但丁"2号是第一代地域探险机器人。1994年7月，美国科学家"委派"机器人"但丁"2号，去阿拉斯加的一座活火山：它爬进了火山口，一直到火山底部，收集到火山喷发出的有毒物质，绘制出火山口的地形图，并把这些数据发往几千千米外的哥达德空间飞行中心等处。"但丁"探险任务的出色完成，增强了美国宇航局专家们的信心。

● 机器人"丹蒂"

1992年，美国卡内基·梅隆大学设计并制造了一台名叫"丹蒂"的机器人。研制它的目的是考察南极洲的埃里伯斯活火山口。因此"丹蒂"必须克服火山口上崎岖的地形和恶劣的环境，还必须能持续工作。"丹蒂"的主要特点是能自主工作较长时间，有足够的感知和规划能力。为了减轻重量，延长工作时间，机器人的电源和高级计算机系统设在了远离机器人的地方。

● 机器人"Robovolo"

由欧洲专家研制的新型机器人"Robovolo"在意大利埃特纳火山山坡上进行了试验，它的主要特点是能在对人的生命造成威胁的环境中工作。机器人能深入火山口取回岩浆样品，同时也能在火山喷发时进行一切必需的直接测量。

英国科学家称，他们将利用最新研制的"Autosub6000"机器人潜水艇对加勒比海6000米以下的海底火山进行详细探测。"Autosub6000"

是英国目前最新的全自动潜水艇，潜水深度达6000米，而且不需要任何水面控制，就能自行完成全部的海底科考任务。

排爆机器人

恐怖分子常常在人群密集的地方安装炸弹，解除这些炸弹的威胁需要专业人员冒着危险进行拆除，一旦拆除失败，就会对排爆专家的生命造成很大的威胁。这时，排爆机器人就可以代替人类在排爆专家的指令下转移危险物品，以解除这些危险物品对周围人群和建筑物的威胁。

● 排爆机器人

排爆机器人，是排爆人员用于处置或销毁爆炸可疑物的专用器材。按照操作方法，排爆机器人分为两种：一种是远程操控型机器人，在可视条件下进行人为排爆；另一种是自动型排爆机器人，先把程序编入磁盘，再将磁盘插入机器人的身体，让机器人能分辨出什么是危险物品，以便排除险情。

● 排爆机器人的实际应用

目前，在世界许多战乱国家中，到处散布着未爆炸的各种弹药。例如，海湾战争后的科威特，就像一座随时可能爆炸的弹药库。在许多国家中甚至还残留有一次世界大战和二次世界大战中未爆炸的炸弹和地雷。因此，爆炸物处理机器人的需求量是很大的。

排爆机器人不仅可以排除炸弹，利用它的侦察传感器还可监视犯罪分子的活动。监视人员可以在远处对犯罪分子进行昼夜观察，监听他们的谈话，不必暴露自己就可对情况了如指掌。

● 排爆机器人的用途

排爆机器人可用于在各种复杂地形进行排爆。主要用于代替排爆人员搬运、转移爆炸可疑物品及其他有害危险品；代替排爆人员使用爆炸物销毁器销毁炸弹；代替现场安检人员实地勘察，实时传输现场图像；可配备散弹枪对犯罪分子进行攻击；可配备探测器材检查危险场所及危险物品。由于科技含量较高，排爆机器人往往"身价"不菲。

● 服务于奥运安保的排爆机

排爆机器人是奥运会期间"秘密武器"中的明星，具有出众的爬坡、爬楼能力，最大爬坡能力为45°楼梯。能灵活抓起多种形状、各种摆放位置和姿势的嫌疑物品，可远距离连续销毁爆炸物。还标配可遥控转动彩色摄像机，其中大变焦摄像机可128倍放大，确保观察无死角。排爆机器人外形酷似火星探测机器人。它的结构十分紧凑，两排6轮驱动，车轮外覆盖着抓地橡胶履带，移动非常迅速。它身上带有的摄像头，就是它的"眼睛"。机器人通过"眼睛"把看到的现场传输到遥控装置的液晶显示屏上，操作人员通过显示屏上的情况进行操作，它还配有红外线夜视系统，可以在夜间进行排爆。遥控器的最远控制距离约为100米，通过对遥控器上各种按钮的操纵，机器人张开"手掌"能将模拟爆炸物抓起，快速地运送到几十米外的排爆罐中。机器人可以抓起重达80千克的爆炸物。机器人还有一条备用延长手臂可以抓取高处、远处的爆炸物。

在奥运期间，排爆机器人起了至关重要的作用，在检测过程中从没漏检过一个物体，及时消除了危及城市安全的各种隐患。

救援机器人

房屋坍塌是常有的事情，许多人不能及时躲闪就会被压到下面，幸存者也很可能被埋在瓦砾堆中。用手去一点点地挖开瓦砾显然太慢，用重型机械去移动又有可能伤着人，如果用搜索机器人就可以帮上忙。这种仪器的主体非常柔韧，像通下水道用的蛇皮管，能在瓦砾堆中自由扭动。仪器前面有细小的探头，可深入极微小的缝隙探测，类似摄像仪器，能将信息传送回来，救援队员利用观察器就可以把瓦砾深处的情况看得清清楚楚。

● 我国的反恐救援机器人

"龙卫士"是中国第一台单兵反恐救援机器人，已被广泛用于爆炸物处理、侦察、特种作业等反恐领域,能适应全天候、全地形,具有展开迅速、操作简易等特点,其综合性能指标全球领先。"龙卫士"反恐机器人的研制成功标志着中国单兵反恐机器人的研发能力已经进入到世界先进行列。

该机器人手臂收缩长度约38.3厘米,手臂伸直约192.7厘米,翻转臂收缩长度约68.5厘米,重50千克,可以0.1米/秒的速度行驶,机器人可以自己变换行走控制方式,操作者用手柄操纵控制,机器人拥有越障能力,可以通过27°楼梯、30°斜坡、20厘米垂直障碍物,可在草地、沙地、碎石地、雪地运行。机器人在平坦的水泥路上可以负载20千克的重物,手臂最大可抬起6千克的重物。具有高亮度显示器,可在阳光直射下清晰显示图像。机器人用充电锂电池。机器人可连续工作1.5小时~2小时,有3个红外线照明摄像头,能实现312倍自动对焦彩色摄像。

● 地震救援机器人

地震救援机器人是一部身高2米、体重200千克的"魁梧"机器人。它动作虽然不敏捷,可精确度却很高。在实战过程中,因为拥有领先于国际同行的"轮+腿+履带复合移动模式"的发明专利,能攀上角度小于35°的斜坡和楼梯,并能钻洞、跨越0.4米高的路障,还可根据使用要求装备爆炸物销毁器、连发霰弹枪及催泪弹。这种机器人可以通过有节奏地收缩运动沿着地面爬行。遥控人员可以利用磁场原理推动机器人在细小的墙壁裂缝中穿行,它的身上除了安装有照明灯泡和摄像机之外,还配备有一系列用来测量辐射程度或氧气含量等指标的传感器。这些指标可以显示某个区域是否安全,以便救援人员对被困者实施营救。这种机器人由若干个装有铁磁微粒、水以及润滑剂的橡胶囊组成,爬行时所受阻力很小。每两个橡胶囊之间由一副橡胶棒连接,通过磁场的作用推动机器人前行。与此前一些可以行走、飞行或是依靠轮子滑行的机器人相比,这款新型机器人的稳定性更强,因而实用性也更强。

● 救灾救援危险作业机器人

我国自主研制的"救灾救援危险作业机器人"日前在北京成功完成了废墟搜救实战演习,今后可以示范应用、大显身手了。"救灾救援危险作业机器人"在听从下达废墟搜索命令后，可陆续成功完成自主起飞、空中悬停、航迹点跟踪飞行、超低空信息获取、自主降落等科目，实现了对地震废墟区域的快速信息获取与实时影像回传。这种旋翼飞行机器人最大任务载荷为40千克，最大巡航距离可达到120千米，最高可在高度3000米高空飞行，最大巡航时间1.5小时，抗风能力不小于6级。与无人驾驶飞机相比，旋翼飞行机器人有两大优势：可以较长时间定点悬停，获取目标地的详细影像资料；能够垂直起飞降落，不需要跑道。除了地震救灾救援，该机器人还可用于输油管线和高压输电线的巡检等危险作业。

智能汽车

　　智能汽车与一般所说的自动驾驶有所不同，它指的是利用GPS和智能公路技术共同实现的汽车自动驾驶。智能汽车首先有一套导航信息资料库，存有全国高速公路、普通公路、城市道路以及各种服务设施（餐饮、旅馆、加油站、景点、停车场）的信息资料；其次是GPS定位系统，利用这个系统精确定位车辆所在的位置，与道路资料库中的数据相比较，确定以后的行驶方向；道路状况信息系统，由交通管理中心提供实时的前方道路状况信息，所以，智能汽车实际上是由智能汽车和智能公路共同组成的系统。汽车的智能化可以减轻驾驶员的疲劳，更好地适应复杂的天气条件，减少交通事故的发生。智能汽车技术现阶段的主要任务是提高汽车行驶的安全性。为将事故防患于未然，它会通过车辆及道路的各种传感器掌握道路、周围车辆的状况等驾驶环境信息，通过车载机、道路信息提供装置等实时地提供给驾驶员，并进行危险警告。

● 美国的智能汽车

　　美国的研究人员目前正在设计一款新的智能汽车，这款智能汽车可以自动分析道路状况和车流量，能够提示即将到来的风险并做出正确的驾驶选择，从而最大限度地避免车祸的发生。驾驶员只要按一下方向盘上的按钮设定速度，汽车便可在不需要踩油门的情况下按照预定的速度向前行驶。如果遇到前方一定距离内有其他车在行驶，智能汽车即会自动减速，并与前车保持一定的车距。要是前车加速，智能汽车也会随之自动加速。这主要是因为在这种汽车的车头上装有雷达，可自动检测与前车之间的车距，并将数据传送到电脑进行分析，再把计算出来的合适车速向引擎发出指令。如果前车突然刹车，或有其他车插进来，报警系统还会发出警告，提醒驾车人注意。

● 英国的智能汽车

英国布里斯托尔大学生理学家霍尔瓦特自主研发了一种高智能汽车，可自动拒绝司机酒后驾驶。这款崭新设计的高智能座驾，装有一套名为"个人警察"的监察系统，它由红外线摄像机、感应器和带有电脑分析功能的"小黑箱"组成。"小黑箱"会把摄像机录制的司机眼球活动，情况以及感应器侦察到的方向盘扭转动作集中起来进行分析。若司机是在头脑清醒的情况下驾车，通常在扭动方向盘之前，会先用一些时间审视一下行车方向。一般而言，司机喝得愈醉，审视的时间愈短。"个人警察"系统将根据司机审视时间的长短，判定司机的醉酒程度，决定是否响起警铃，或使汽车无法启动。

● 真正的"无人驾驶"

"无人驾驶"汽车一直是智能汽车主要的发展趋势，从20世纪70年代开始，美国、英国、德国等发达国家就已经开始进行无人驾驶汽车的研究，德国汉堡Ibeo公司应用先进科技把无人驾驶汽车首先变成了现实。汉堡公司研制的这辆无人驾驶智能汽车由德国大众汽车公司生产的帕萨特2.0改装而成，从外表来看与普通家庭汽车并无差别，但它却可以在错综复杂的城市公路系统中实现无人驾驶。行驶过程中，车内安装的全球定位仪将随时获取汽车所在的准确方位。隐藏在前灯和尾灯附近的激光摄像机能随时"观察"汽车周围200码（约183米）内的道路状况，并通过全球定位仪路面导航系统构建三维道路模型。此外，它还能识别各种交通标识，确保汽车在遵守交通规则的前提下安全行驶。